KODANSHA

ノーベル賞 受賞者列伝

講談社 編
監修 若林文高
（国立科学博物館名誉研究員）

はじめに

私たち人類はこれまで多くの科学的発見をしてきました。ふとした思いつきやひらめきによって、思いもよらないアイデアが浮かび、それが新しい発見につながり、物理、化学、生物、薬学、医学などさまざまな分野が発展してきました。その、**ぴか**っとひらめく**理科**をテーマにしたのが、「**ぴかりか**」シリーズです。

このシリーズでは、科学者たちがどんな研究に打ちこんできたか、その研究から明らかになった科学トピックスなどを紹介していきます。

科学はすぐ身近にあり、まだまだ明らかになっていない

登場キャラクター

本の中で疑問を出したり、一緒に考えたりするキャラクターです。

ホエホエ先生
もの知りなシロナガスクジラの先生。わんだー兄弟たちに優しく教えてくれる。

わんだー兄弟
ふしぎなことがあると、その理由がわかるまで、とことん知りたくなってしまう兄弟とペット。

謎もたくさんあります。みなさんが少しでも科学のおもしろさに気づき、興味や疑問を持つきっかけになるようなシリーズになればと思います。

『ノーベル賞受賞者列伝』は、ノーベル賞（生理学・医学、化学、物理学）を受賞した人たちの人生と、その研究を紹介しています。子どもの時のできごと、科学に興味を持った理由、研究の苦労など、さまざまなエピソードと共に、ノーベル賞受賞の研究をくわしく解説する「深ぼり」コーナーもあります。受賞者がどんな人物なのかを知り、偉大な成果を生んだ科学的発見を、４つのキャラクターと一緒に読んでいきましょう。

わんだろう

わんだー兄弟の兄。思いついたらすぐ行動する、頼りがいのある兄。

わんだこ

わんだー兄弟の妹。物事を冷静に見ているしっかり者。

わんこ

わんだー兄弟のペット。意外と賢く、２人をフォローする犬。

もくじ

iPS細胞で医療の可能性を広げる
山中伸弥
体のさまざまな種類の細胞に変化するiPS細胞。山中伸弥先生は、難しい問題に立ち向かい続け、iPS細胞の作製を実現させました。
START
ひととなり人生年表
0歳
1962年9月4日、大阪府枚岡市（現在の東大阪市）で生まれる。
42歳
2004年、京都大学再生医科学研究所に移り、ES細胞に似た細胞をつくることができる4つの遺伝子を特定。
p.13
iPS細胞
私がママよ
p.14
誕生

次のページから、くわしく見てみるぞ

24歳

1987年、整形外科医をめざし、大阪の病院に勤務する。

p.8

26歳

1989年、難病治療の研究のため、大学院で薬理学を学び始める。

31歳

1993年、アメリカの研究所に留学。

p.10

37歳

1999年、奈良先端科学技術大学院大学に勤務。翌年、ES細胞に似た細胞をつくる研究を始める。

p.12

43歳

2006年、マウスのiPS細胞の作製成功を報告。

45歳

2007年、ヒトiPS細胞のつくり方を、アメリカの科学雑誌『セル』に発表する。

47歳

2010年、京都大学iPS細胞研究所の所長に就任。

50歳

2012年、iPS細胞の研究（成熟した細胞を初期化できることの発見）により**ノーベル生理学・医学賞**を受賞。

医師
大学の医学部で6年間学んで医師国家試験に合格し、２年以上病院などで研修医として働いたあとに医師になることができる。

不器用だった整形外科医

１９８７年、**医師**として、病院で働き始めた山中は、先輩に文句をいわれても仕方がないほど、うまく治療ができませんでした。ほかの医師が20分で終わるような手術に2時間もかかったり、治療の練習に付き合ってくれた友だちにはあきれ顔をされたり……。

そんな日々のなか、山中は何人もの患者さんと触れ合い、現代の医学ではどうすることもできない病気がたくさんあることに気づきます。そして、医術で人を救うのではなく、「病気の原因や治療法を見つけることで、人を救うことはできないか」と考えるようにな

▲神戸大学医学部時代の山中（後列右端）。

りました。こうして、山中は病院で働くことをやめ、研究の道へ進むことを決意します。

それから17年後。山中は現代医学を大きく進歩させる、「iPS細胞」をつくりだしました。2012年にはノーベル生理学・医学賞を受賞します。毎日しかられていた医師が、医療の世界に変化をもたらすまでになるには、どんなできごとがあったのでしょうか。

研究の道で出会った「遺伝子組み換えマウス」

山中が医師をめざすきっかけとなったのは、子どものころのケガの経験でした。中学・高校の6年間、部活で柔道をしていた山中は、年に1回は骨折をしていました。その治療で親切に対応してくれたのが、整形外科の医師だったことから、スポーツ専門の整形外科医をめざしていました。しかし、病院を辞めて、研究で人を救うため、大学院で研究の基礎を学び始

遺伝子組み換え

ある遺伝子を、別の細胞に入れる技術。「害虫に食べられにくい性質のタンパク質をつくる遺伝子」を導入したトウモロコシなどがある。

めます。そんななか、一つの研究に強く興味をひかれました。それは、**遺伝子組み換え**マウスの作製です。特に興味を持ったのは、「ノックアウトマウス」という、ねらった遺伝子だけ、人工的にその働きを止めた（ノックアウトした）マウスでした。このノックアウトマウスの成長を記録し、どのような異常が起こるのかを調べることで、ノックアウトした遺伝子がどんな働きを持っているのかがわかるのです。

しかし、3万個の遺伝子のうちの一つだけの機能を停止させるには高い技術が必要になります。そこで山中は、マウスを使った遺伝子の研究を行うために、アメリカ・サンフランシスコのグラッ

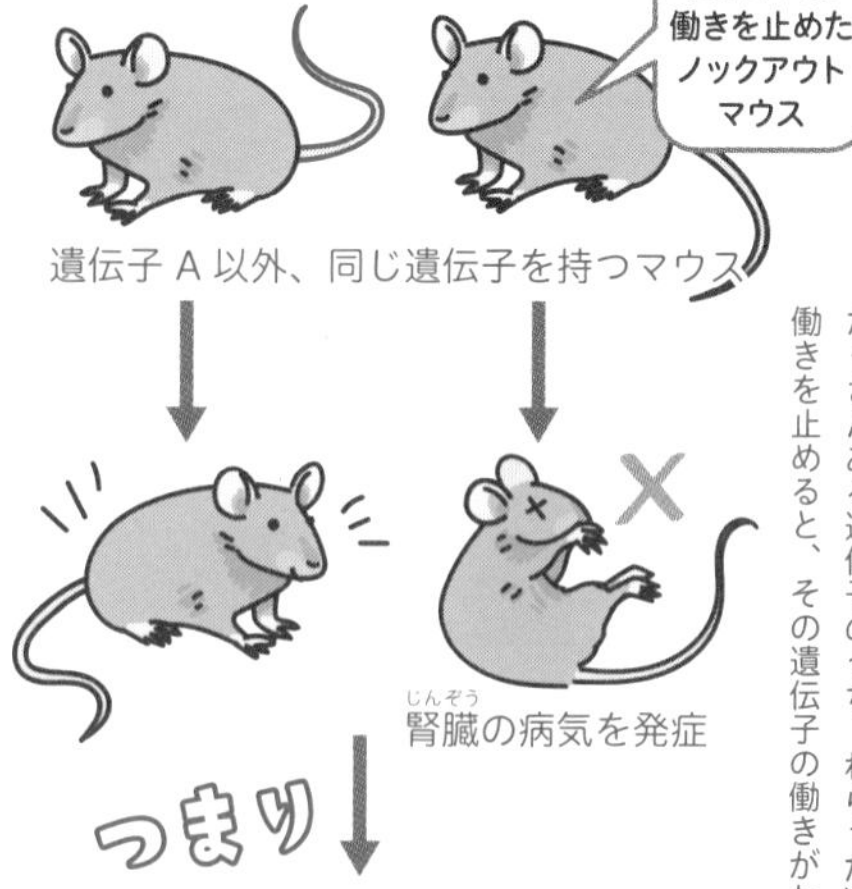

たくさんある遺伝子のうち、ねらった遺伝子の働きを止めると、その遺伝子の働きがわかる。

ここでは「だめになった」というような意味で使われているワン！

ノックアウトって、ボクシングみたいだね！

ドストーン研究所に応募しました。採用が決まるとアメリカでの研究生活がスタートします。

山中は希望どおり、ノックアウトマウスを使った遺伝子の研究に没頭しました。そして、上司の研究を手伝ったり、新しい遺伝子を見つけたりする研究で、ES細胞に出会います。

ES細胞との出会い

ES細胞とは、体のどんな部分の細胞にもなることができる特別な細胞です。山中はES細胞そのものに興味を持ち、日本に帰国してからは、おもにES細胞の研究に力を入れるようになりました。

ただ、じつはその当時、ES細胞はマウスのものしかつくられておらず、ヒトのES細胞の培養には、誰も成功していなかったのです。山中はこのままES細胞の研究を続けるべきか、なやむようになりました。

しかし1998年、うれしいニュースが飛びこんできます。アメリカの研究者が、ヒトES細胞の作製に成功したのです。もちろん日本でもES細胞が注目され、山中の研究は見直されるようになりました。翌年の1999年、奈良先端科学技術大学院大学での勤務が決まり、大学はアメリカの研究所に負けないほどの研究環境を整えてくれました。

遺伝子を特定し、iPS細胞をつくることに成功

大学で山中は、一つの目標を設けました。それが、「ES細胞のような働きをもつ細胞をつくること」でした。

どうしてES細胞ではいけないのでしょうか？　それは、ES細胞のもとが、ヒトの赤ちゃんになる受精卵だからです。また、たとえヒトES細胞を使って移植用の臓器をつくれたとしても、別の人のES細胞からつくられた臓器は、患者さんの体に拒絶反応を起こさせる可能性があります。

山中は受精卵を使わずに、例えば皮ふのような、誰からでも簡単に採取できる細胞で、ES細胞に似た細胞をつくることができないかを考えました。そうすれば、受精卵を壊すこともなく、自分の皮ふの細胞からつくられた臓器なら、拒絶反応も起こらないからです。

5年間の研究を経て、山中は普通の細胞に入れるとその細胞をES細胞のような働きをもつ細胞に変えられる可能性のある遺伝子を、24個にまでしぼります。その後、京都大学に移り、さらに研究を続けました。

しかし、たった24個の遺伝子でも、どの遺伝子が細胞を変化させるものなのか

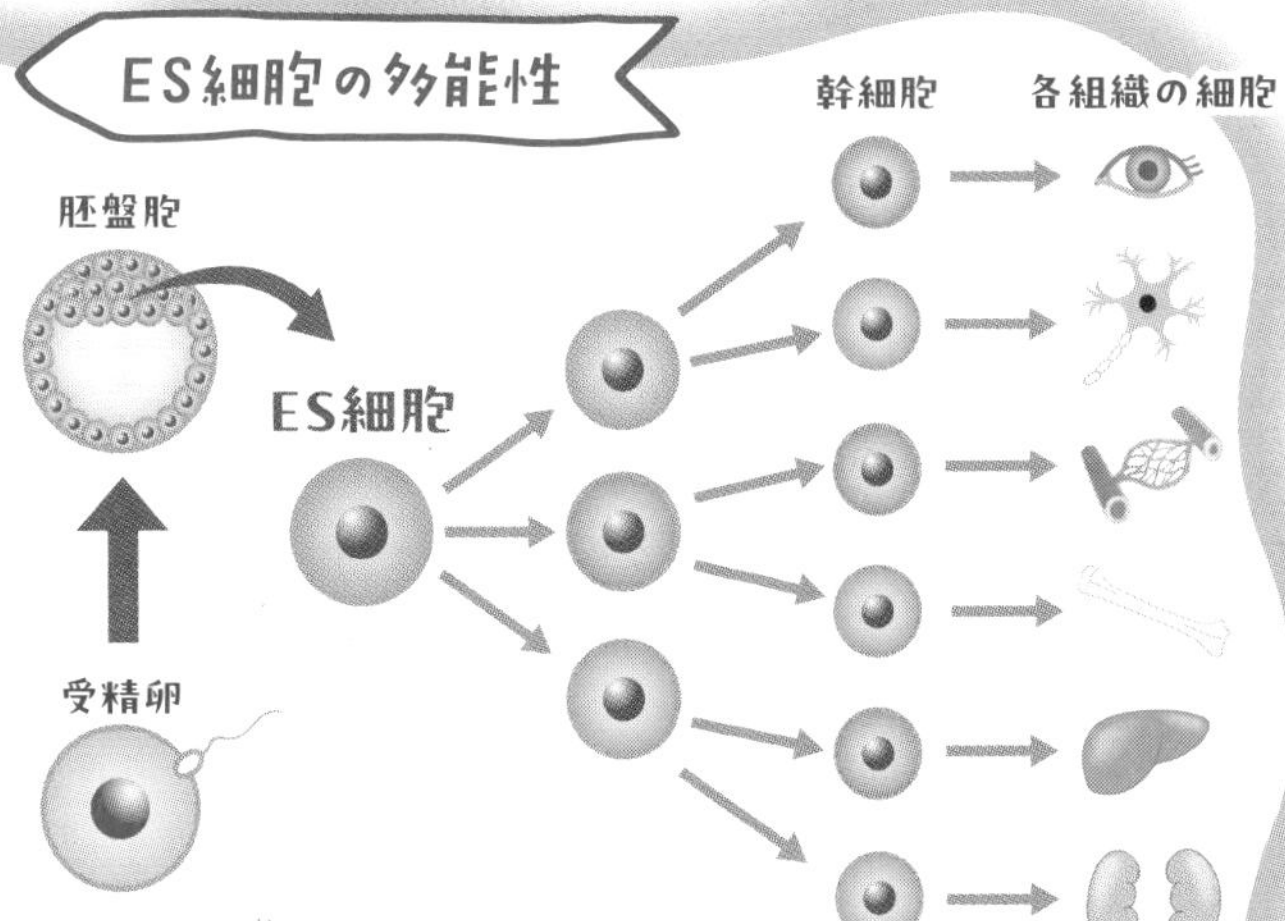

ES細胞の多能性

幹細胞
各組織の細胞
胚盤胞
ES細胞
受精卵

普通の細胞は、胃や心臓など、なんの細胞になるか決まっている。ところがES細胞は、どんな細胞にも変身することができる。

iPS細胞を使えば、
難しい病気を治せるかも。

がわかりません。それを全部確かめるには、計算上1600万回もの実験をしなくてはなりませんでした。しかし一人の若い研究員が、24個のうち、一つをのぞいた23個の遺伝子を一度に細胞に入れる方法を思いつきます。のぞいた一つが重要な遺伝子なら、細胞がES細胞のように変化したりしないはずで、この方法なら、24回の実験でどれが必要な遺伝子なのかがわかります。すると、本当に決め手となる4つの遺伝子を見つけることができました。山中はこれらの遺伝子を組みこんでつくった細胞に「induced pluripotent stem cells(人工多能性幹細胞)」という名前をつけます。頭文字を取って、「iPS細胞」と略すことにしました。

そして、iPS細胞の作製発表からわずか6年でノーベル賞を受賞しました。山中の「研究で人を救う」という思いは、iPS細胞の作製につながり、医療の可能性を大きく広げたのです。

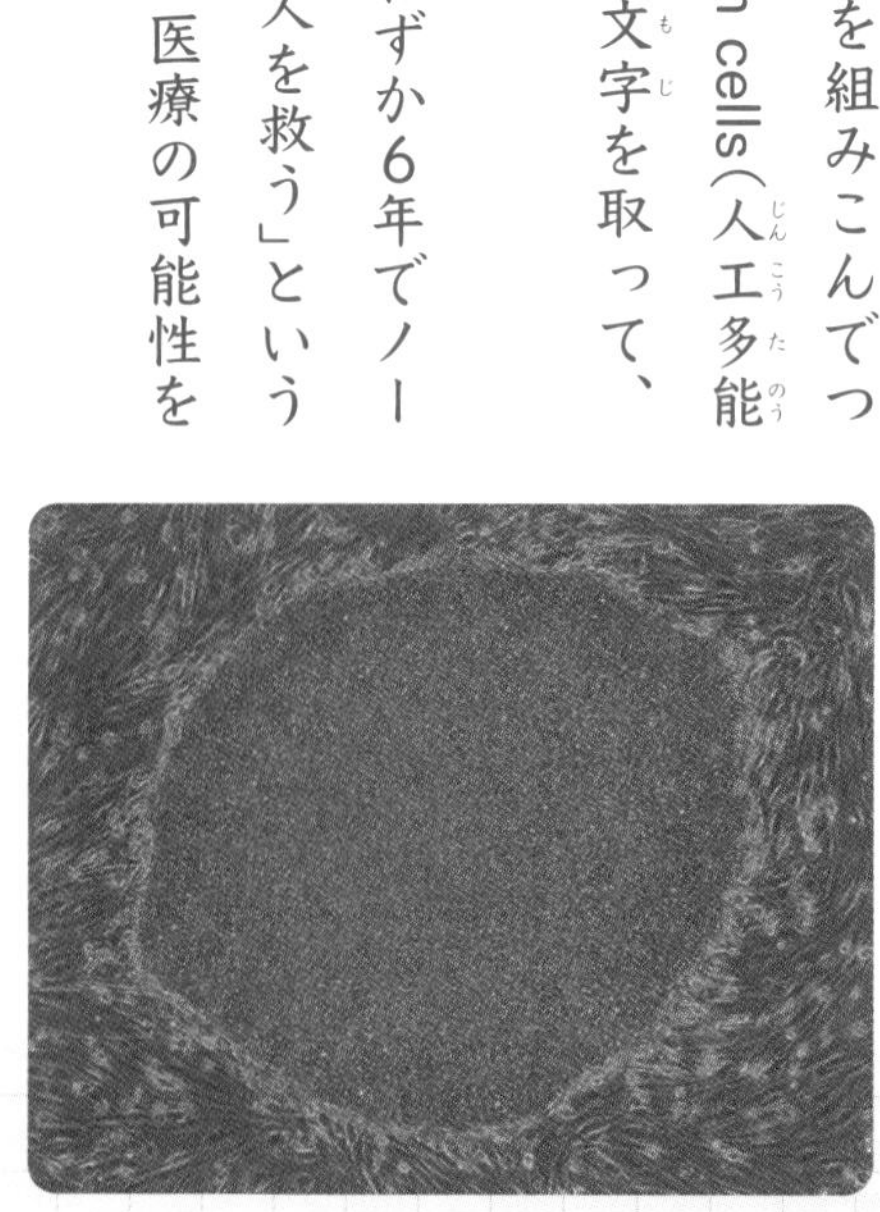
◀iPS細胞の顕微鏡写真

ノーベル生理学・医学賞を受賞

iPS細胞を深ぼりしよう！

iPS細胞のつくり方を解説（かいせつ）するぞ。

考えてみよう！

iPS細胞はどのようにしてつくるのかな？

ES細胞に似た細胞をつくるためにしたことは、なんだったかのぉ。

1 受精卵から一部の細胞を取り出し、培養した。

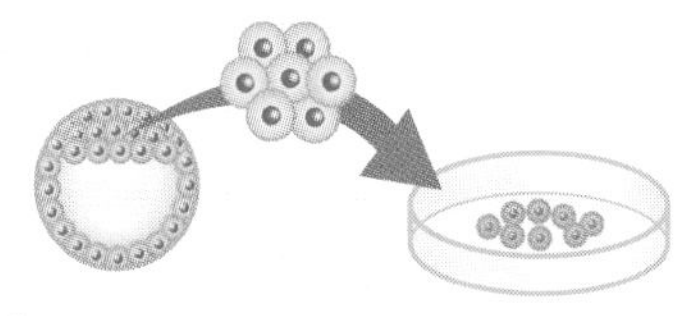

2 皮ふ細胞から4つの特定の遺伝子を取りのぞいた。

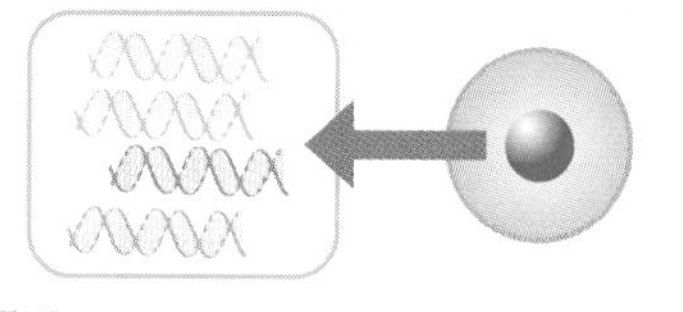

3 皮ふ細胞に4つの特定の遺伝子を入れた。

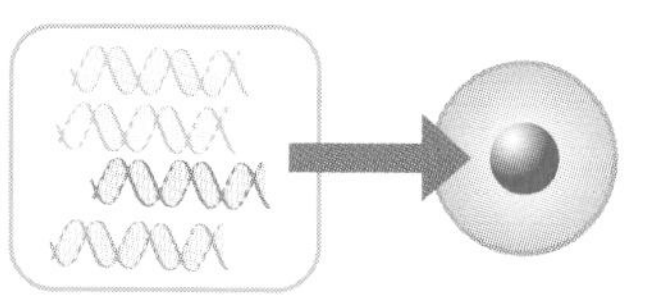

遺伝子が関係していたはずだワン！

受精後、間もない細胞を使うんじゃなかった？

こたえは……

3 皮ふ細胞に4つの特定の遺伝子を入れた。

iPS細胞はヒトの皮ふや血液の細胞からつくることができるのじゃ。そしてiPS細胞は、いろいろな組織や臓器の細胞になることがわかっているぞ。

一度分化した細胞が、分化する前の姿にもどる！

私たちの体は、約37兆個もの細胞が集まってできています。その始まりは「受精卵」という一つの細胞です。受精卵が分裂をくり返し、ヒトの形になっていくのです。これを「細胞分裂」といいます。

また、受精卵には、体のさまざまな器官や組織に変化する能力があり、細胞分裂をくり返すなかで、受精卵は心臓の細胞、肝

ES細胞とiPS細胞のちがい

受精卵からつくるES細胞と、ヒトの皮ふなどの細胞からつくるiPS細胞

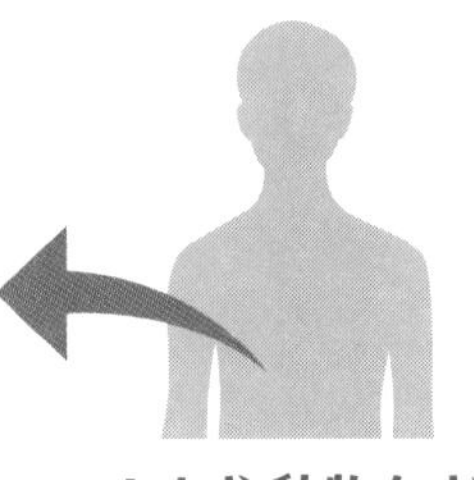

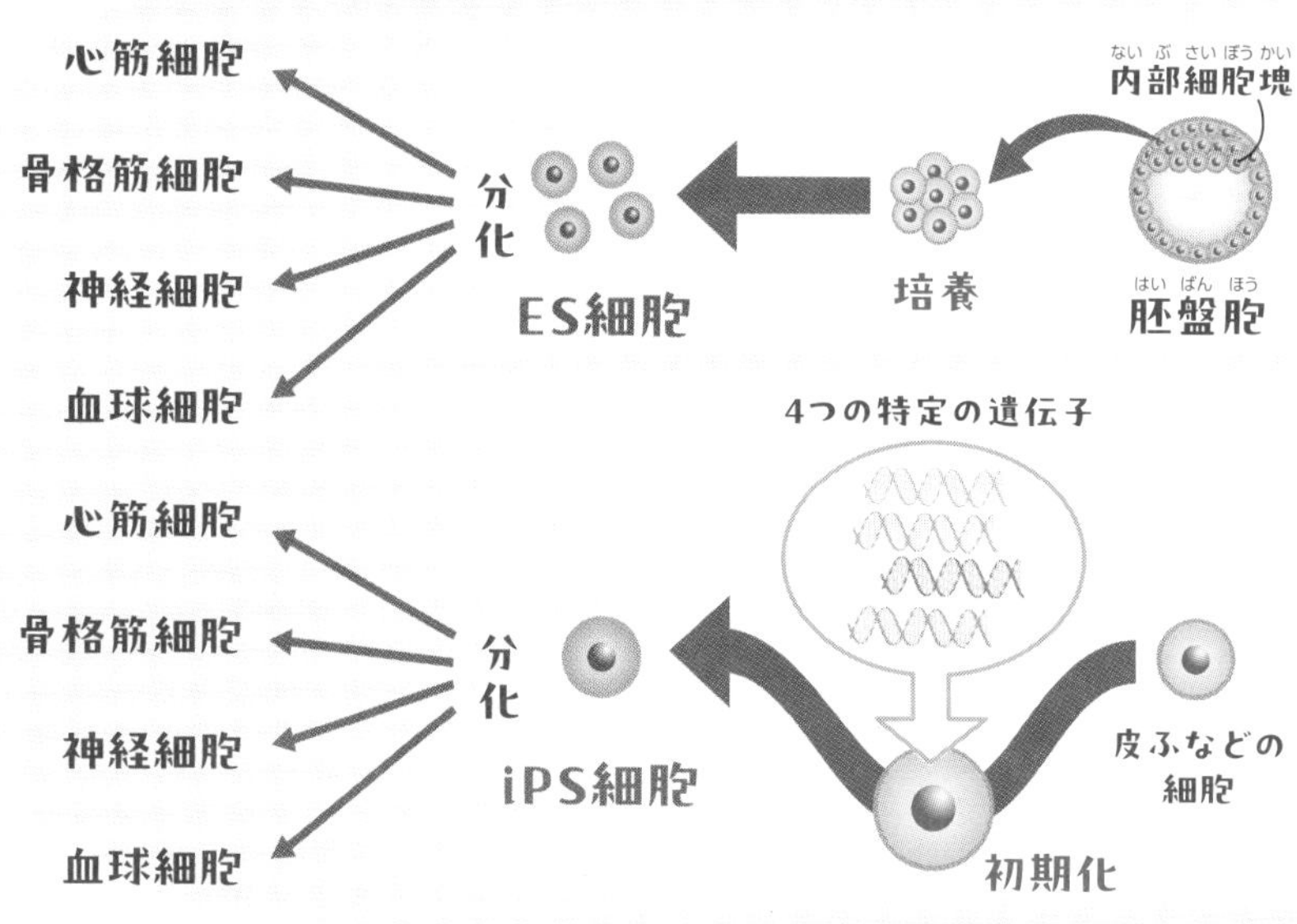

山中 伸弥

臓の細胞、皮ふの細胞などへと変化します。これを「分化」とよびます。

「万能細胞」ともよばれるES細胞は、この受精卵が持つ「さまざまな器官や組織に変化する能力」を取り出すことでつくられます。一方、iPS細胞は、受精卵の能力を取り出すのではなく、一度分化した細胞を、分化する前の状態にもどすという方法が取られています。これを「初期化」といいます。これは長い間できないとされてきました。しかし山中は皮ふや血液などから比較的容易に採取できる細胞に、4つの特定の遺伝子を入れることで、細胞は分化する前の姿にもどり、別の器官や組織の細胞へと変化できることを発見しました。

普通、一度分化した細胞は、
もとの細胞にもどることは
ないんだワン。

iPS細胞を正しく使える未来へ

iPS細胞は、再生医療や、病気の原因の解明、新しい薬の開発などに活用できると考えられています。再生医療とは、病気やケガなどによって失われた体の細胞や組織、臓器を再生させ、その機能を回復させる治療法です。

また、ドイツの研究グループは、約3万年前に絶滅したネアンデルタール人の脳組織の一部を、iPS細胞を使って再現することにも成功しています。今後は絶滅した生き物などを復活させることも可能になるかもしれません。

2011年に京都大学の研究グループは、iPS細胞を使ってマウスの精子をつくり、これを卵子と体外授精させ、新しいマウスを誕生させる実験を成功させました。iPS細胞自体は、受精卵を使うES細胞のような倫理的な問題は少ないといえます。しかし、研究のなかで命をどこまで人間が操作してよいのか、という倫理的な問題が提起されています。

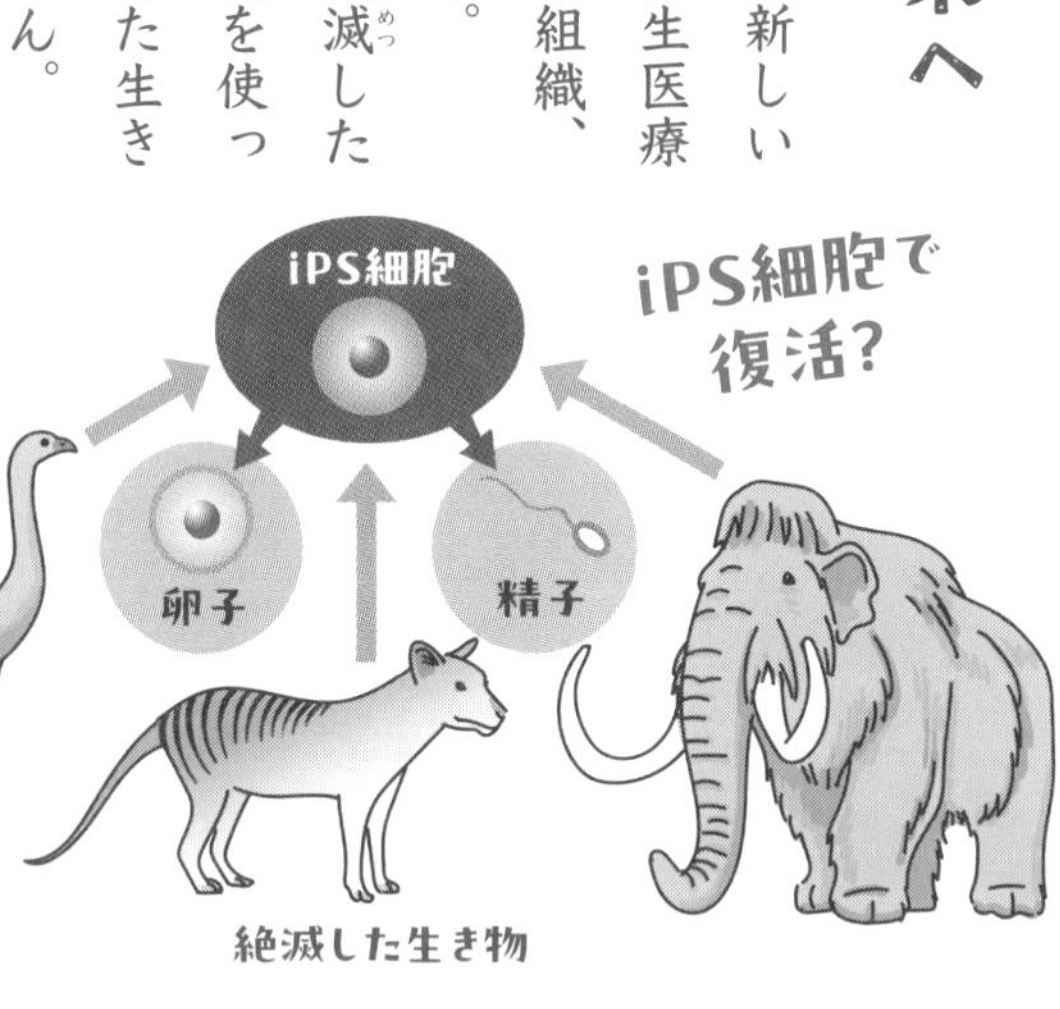

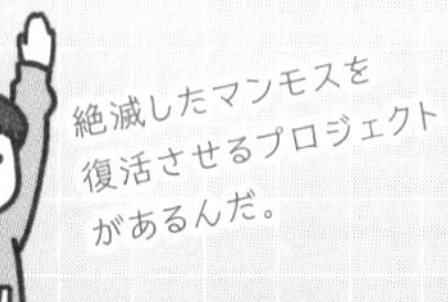

人物まとめ

失敗を怖がらず、可能性を追求し続けた

皮ふや血液の細胞から、いろいろな臓器になれるiPS細胞をつくったよ。もっと研究が進めば、自分自身の細胞で臓器をつくり、移植して病気を治せると考えられているんだ。また、患者さんの細胞からつくったiPS細胞にさまざまな薬を試すことで、難病を治療できる薬を開発できるようにもなったんだよ。

こんな夢のような細胞をつくることができたのは、山中が患者さんたちを助けたいという一心で、あきらめずに研究を続けてきたからなんだ。現在もiPS細胞の研究をすると同時に、人の命を救うための研究をしているよ。

写真：代表撮影/AP/アフロ

Yamanaka Shinya

プラスワン

そもそもノーベル賞って何？

毎年10月になるとニュースなどで話題になるノーベル賞。そもそもノーベル賞はいつ始まり、受賞者はどんな基準で選ばれるのでしょうか。そんなノーベル賞について紹介します。

人類の発展のために大きく貢献した人を表彰

ノーベル賞の「ノーベル」とは、人物の名前です。アルフレッド・ノーベルという化学者・実業家が考案した賞なので、その名がついています。ノーベルは、ダイナマイトをはじめとした数々の発明を行った人物です。彼は発明によって手にした巨額の富を、人類の発展に貢献した人々を表彰するために使うことにしました。これが「ノーベル賞」です。現在は、物理学、化学、生理学・医学、文学、平和、経済科学の6つの分野で表彰されています。

1833年
↓
1896年

Alfred Bernhard Nobel

写真：picture alliance/アフロ

ダイナマイトを発明した アルフレッド・ノーベル

アルフレッド・ノーベルは、1833年にスウェーデンのストックホルムで生まれました。幼いころから優秀で、9歳で移り住んだロシアでは学校には通わず、大学教授レベルの家庭教師から化学や語学など、さまざまな学問を学びました。17歳のころには、豊富な化学の知識を身につけ、5ヵ国語を話せるようになっていたといいます。のちに、ヨーロッパ各国やアメリカでも学び、発明家の道へと進みました。

ノーベルは、取りあつかいが難しいものの、強大な爆発力を持つニトログリセリンという液体に着目。研究を重ねて、安全に持ち運べ、起爆のコントロールができるダイナマイトを発明したのです。ダイナマイトは鉱山の開発や土木工事などで活用され、ノーベルは大富豪になりました。遺産は、人類のためになる仕事をした人に授与される賞の創設に使うよう、遺言を残しました。死後、ノーベル財団が発足し、1901年に最初のノーベル賞が授与されました。

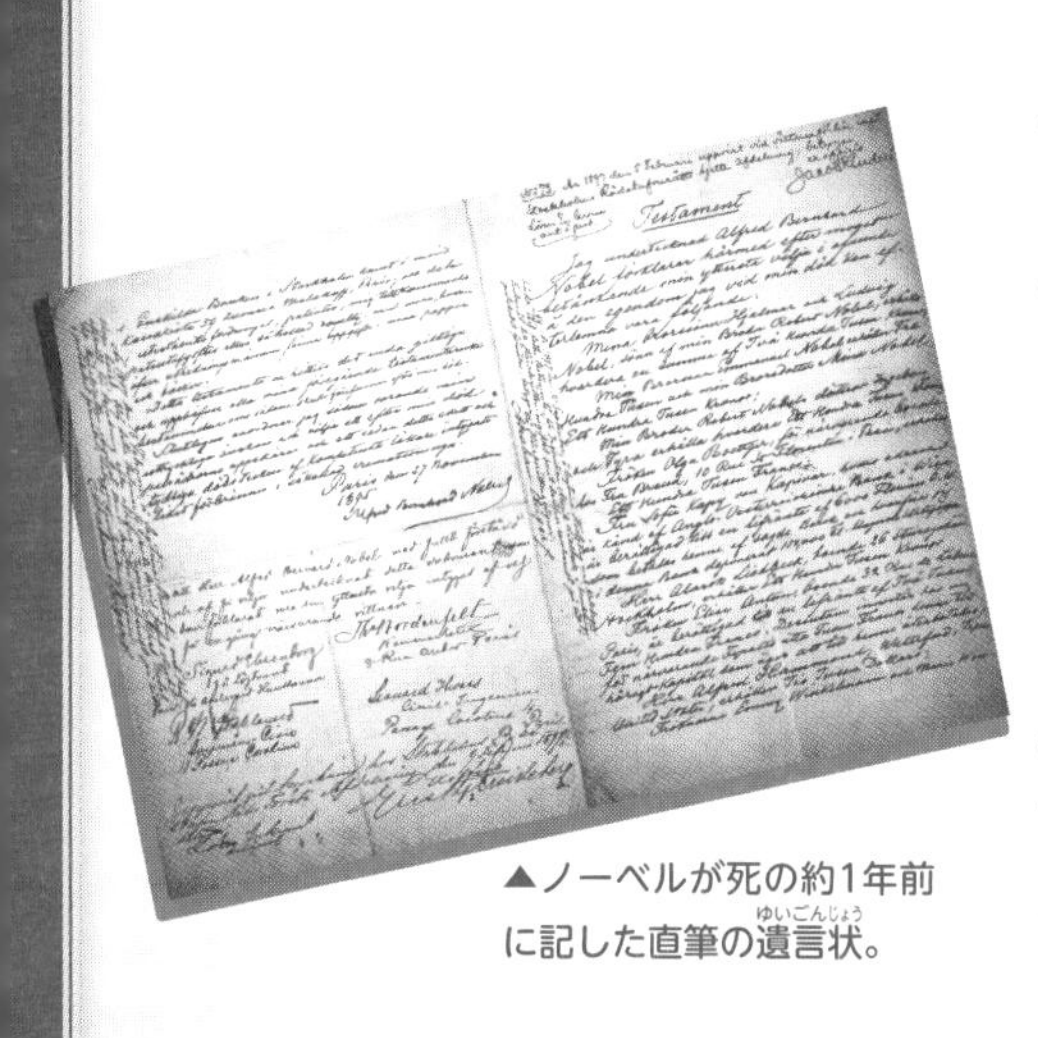

▲ノーベルが死の約1年前に記した直筆の遺言状。

厳密かつ公正に選ばれるよ。

ノーベル賞の種類

科学だけじゃないワン。

化学賞

化学は、物質の本質を解き明かし、物質の間に起こる反応や変化を研究する学問です。ノーベルの遺言で、「化学における最も重要な発見や改良を成しとげた者」に授与するとされています。「改良」という言葉に、ニトログリセリンを安全にあつかえるようにしてダイナマイトを発明した、ノーベルの考えが表れています。

選考機関▶スウェーデン王立科学アカデミー

物理学賞

物理学は、「物質は何からできているのか？」「力や熱はどう伝わるのか？」というような、物質やエネルギーの基本的な性質を探る学問です。ノーベルが活躍した19世紀以降、物理学の理論が確立されるとともに、新たな現象も発見されました。そうした挑戦や功績をたたえることで、物理学の発展に貢献しています。

選考機関▶スウェーデン王立科学アカデミー

文学賞

ノーベルの遺言状には、物理学、化学、生理学・医学の自然科学三賞に加えて、文学賞を設けるよう記されていました。ノーベルは、生涯を通じて文学に強い関心を持っていたからです。文学は人類の理想に寄与すべきだとされ、理想主義的で最も優れた作品を生み出した人に賞があたえられています。

選考機関▶スウェーデン・アカデミー

生理学・医学賞

生理学は体のしくみや生命現象を解き明かそうという学問で、医学は病気の原因をつき止めたり、病気の予防法や治療法を考え出したりする学問です。生理学と医学は密接に関係しているので、「生理学・医学賞」となっています。選考機関のカロリンスカ研究所は、スウェーデンの名門医科大学です。

選考機関▶カロリンスカ研究所

経済科学賞

ノーベルの遺言にはなく、スウェーデン中央銀行の発案で1968年に創設された賞です。正式名称は「アルフレッド・ノーベル記念スウェーデン中央銀行経済科学賞」といいます。「経済学」ではなく「経済科学」とされるのは、「経済学」の枠にとらわれず、「経済」を「科学」的に解明する研究者を対象としている表れとされています。

選考機関▶スウェーデン王立アカデミー

平和賞

ノーベルは、「国家間の友好、常備軍の廃止または削減、および平和会議の開催や推進のために最大または最善の仕事を成した人物」に平和賞をあたえるよう、遺言状に記しました。ノーベルの発明であるダイナマイトが、戦争で兵器として使用され、多くの人々がぎせいになったことに、ノーベルが心を痛めたためだといわれています。

選考機関▶ノルウェー・ノーベル委員会

賞状とメダルのほか多額の賞金が授与される

ノーベル賞の受賞者は、多額の賞金を手にします。2022年は1000万スウェーデン・クローナ（約1億3740万円※）でした。優れた研究者が、経済的な心配をせずに研究に集中できるように考慮されているといわれています。

金額は、ノーベルの遺産を元手にしてノーベル財団が行っている資産運用の結果によって変わります。景気の影響を受けて、800万クローナや900万クローナの時もありました。

受賞者には、賞状とメダルも贈られます。賞状は、厚めの台に貼られて本のようになっています。メダルは、各賞とも表面にノーベルの肖像が描かれているものの、授与する機関ごとに細かいデザインがちがいます。裏面は賞ごとに異なるデザインです。

◀2002年に物理学賞を受賞した小柴昌俊の賞状です。左側は、受賞理由となった、宇宙から降り注ぐニュートリノをとらえたイメージが表現されています。

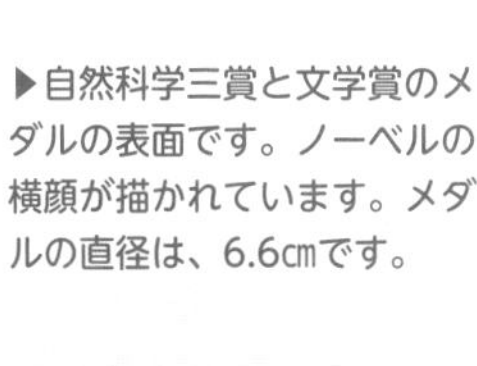

▶自然科学三賞と文学賞のメダルの表面です。ノーベルの横顔が描かれています。メダルの直径は、6.6㎝です。

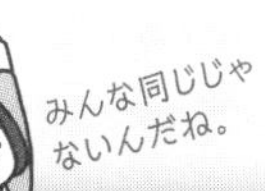

※2023年11月のレートに基づいて計算

天才だって、後悔する

アルベルト・アインシュタイン

20世紀最大の物理学者といわれるアインシュタインどんな研究で偉大な発見をしたのでしょうか。

1879年
↓
1955年

ひととなり人生年表

0歳
1879年3月14日にドイツで生まれる。

37歳
1916年、「一般相対性理論」を発表。

43歳
1922年、「光電効果」の研究によってノーベル物理学賞を受賞。

54歳
1933年、ドイツにナチス政権が成立。ユダヤ系の出身であるアインシュタインはアメリカに亡命。

来日する船の中で受賞の知らせを受けたワン。

次のページから、くわしく見てみるぞ

17歳

1896年、スイス連邦工科大学に入学。物理学の専門書を夢中になって読み続ける。

学校では、興味を持った数学や物理学を自分で勉強する。

23歳

1902年、特許局に就職。

p.30

26歳

1905年、「ブラウン運動」「光電効果」「特殊相対性理論」に関する論文を発表。

p.28

バートランド・ラッセル▼

76歳

平和運動に取り組み、1955年4月に亡くなる。その3ヵ月後、核兵器廃絶を訴えた「ラッセル=アインシュタイン宣言」が発表された。

写真：TopFoto/アフロ

日本に落とされた原子爆弾

第2次世界大戦中の1945（昭和20）年8月6日、広島に**原子爆弾**が落とされました。さらに3日後の8月9日には長崎にも原子爆弾が投下され、たくさんの命がうばわれました。この知らせを受けてとても悲しみ、自分の行いを後悔した科学者がいます。それが「**E=mc²**」という数式や「相対性理論」で知られるアルベルト・アインシュタインです。

ドイツで**ナチス**政権によるユダヤ人への迫害が激しくなっていた1930年代、ユダヤ系の科学者であったアインシュタインは、ドイツからアメリカに亡命して研究を続けていました。しかし第2次世界大戦が始まる可能性が高まるにつれ、「ナチス・ドイツが原子爆弾をつくってしまうのではないか」と心配するようになります。そこで、当時のアメリカのフランクリン・ルーズベルト大統領に、ナチス=ドイツよりも先に原子

原子爆弾
原子の中にある「原子核」を人工的に壊すことで生まれる強大なエネルギーを使った爆弾のこと。

▶原子爆弾の核爆発によってできたキノコ雲。

提供：Hiroshima Peace Memorial Museum/U.S. Army/AP/アフロ

ナチス
アドルフ・ヒトラーを指導者とする政党。1933年から1945年までドイツ国内で独裁政治を行った。

爆弾をつくることをすすめる手紙にサインをしたのです。

その後、ナチス＝ドイツが戦争に敗れ、原子爆弾が日本に落とされそうだと知ったアインシュタインは、その危険性を訴える手紙に再びサインをしますが、原子爆弾の投下を止めることはできませんでした。

じつはアインシュタインは、１９２２（大正11）年に日本を訪れています。「世紀の天才物理学者の来日」と評判になり、大きな歓迎を受けました。東京や仙台、大阪などで講演を行いました。そして、アインシュタインは日本

E=mc²って何？

エネルギー 質量 光速
E = m × C²
そもそもエネルギーって何？
それを説明したのがこの式じゃ！
cは光速（秒速約30万km）を表し、c²はcを2回かけているぞ
C²=C×C
この式は「わずかな物質にも大きなエネルギーがある」ことを示している、世界一美しい方程式といわれているんじゃ
すなつぶ
こんなに小さくてもエネルギーを持つ
つまり物質はエネルギーに変えられるということでもあるんじゃや。原子爆弾はたったの0.7gの原子（ウラン235）がエネルギーに変わった結果なんじゃよ！
なるほどニャー

質量…物質そのものが持つ「量」のこと。場所が変わっても変化しない。

バートランド・ラッセル 1872-1970

イギリスの哲学者・数学者。世界平和を唱え、1950年にノーベル文学賞を受賞した。

人の謙虚さや質素なくらしぶり、思いやりの心に触れ、「みんながこの国を愛して尊敬すべきだ」と語るほど、日本を好きになっていました。そんな愛する日本への原爆投下は、あまりにも悲しいできごとでした。

アインシュタインは戦後、平和運動に積極的に関わるようになりますが、世界は競い合うように核兵器の開発に乗り出します。そこでアインシュタインとイギリスの哲学者**バートランド・ラッセル**が中心となり、核兵器廃絶を訴えた宣言文「ラッセル=アインシュタイン宣言」を発表します。この宣言には、日本の湯川秀樹(p.42)も署名しています。

▲記者会見で「ラッセル=アインシュタイン宣言」を読み上げるバートランド・ラッセル。

写真：TopFoto/アフロ

ピタゴラスの定理
「直角三角形の斜辺の長さの2乗は、その他の2辺の長さの2乗の和に等しい」というもの。

暗記が苦手だった子ども時代

子どものころのアインシュタインは暗記が苦手で、記憶力を問われる語学(国語)や歴史の成績はよくありませんでした。その一方で、数学や物理学には興味を持っていました。9歳の時に**ピタゴラスの定理**という数学の知識を知り、その定理の美しい証明を寝る間も惜しんで考えたり、12歳のときには叔父から**ユークリッド幾何学**の本をもらって一人で勉強をしたりしたといわれています。

アインシュタインは、ドイツの「ギムナジウム(中等教育機関で、日本でいう中高一貫校)」に通っていましたが、学校になじめなかったため、途中で辞めてしまいます。その後、スイス連邦工科大学に入学しますが、大学の授業にはほとんど出席せず、物理学の専門書を読みふけっていました。なんとか大学を卒業したものの、スイスの国籍を持っていなかったため、なかなか就職できませんでした。

ユークリッド幾何学
「三角形の内角の和は180度」や「平行線は交わらない」など図形の性質が成り立つ空間をあつかう学問。

アインシュタインの論文はすごい！

アイザック・ニュートン　1642-1727

イギリスの数学者・物理学者。「万有引力の法則」の発見や、光の分析を行ったことなどで有名。

アインシュタインはアルバイトで生計を立てながらスイスの国籍を得ることはできましたが、なかなか仕事を得られないようすを見かねた友人が、スイスの首都ベルンにある特許局の仕事を紹介しました。特許局の仕事がそれほど忙しくなかったこともあり、アインシュタインは仕事のかたわら研究に没頭。そして、1905年に、物理学の歴史を変える論文を、たった4ヵ月の間に相次いで発表しました。そのため1905年は「奇跡の年」とよばれています。その中には、今の私たちの生活にも大きく関係している3つの重要な発表がありました。

一つが「**ブラウン運動**の理論」です。アインシュタインは、気体や液体の中の小さな粒子が不規則に動く「ブラウン運動」の謎を解き明かしました。

もう一つが、ノーベル物理学賞の受賞理由になった「光電効果」です。じつは、アインシュタインが生まれるずっと前から、多くの科学者が「光と

ブラウン運動

気体や液体の中の粒子の動きは分子の衝突によるものだということを示し、原子や分子の存在を証明する最初の証拠となった。

クリスティアーン・ホイヘンス 1629-1695

オランダの数学者・物理学者。光とは何かを追求し、「光は波である」と考える説を発表した。

1916年には「一般相対性理論」というものも発表したワン！

は何か？」という問いに挑んでいました。例えば万有引力の発見で知られる**アイザック・ニュートン**は「光の正体は、小さな粒子（粒）だ」と考えていました。一方、イタリアのグリマルディ（1618〜1663年）や、オランダの**ホイヘンス**という科学者は、「光の正体は波だ」と考えました。光の正体について、長い間論争になっていましたが、これに「光は粒子と波の両方の性格を持つ」として決着をつけたのがアインシュタインだったのです。

そして「特殊相対性理論」という論文では、「時間の進み方は一定ではなく、観測する人の状況によって変化する」という「相対時間」の考え方を示しました。

さらに1916年に発表した「一般相対性理論」では、「大きな重力があるところ（例えば、

◀「奇跡の年」の1905年ごろのアインシュタイン

とても重い天体があるところ）では、そのまわりの空間が重力によってゆがみ、そばを通る光も曲がって見えるようになる」という考え方を示しました。光が曲がれば進みにくくなるため、大きな重力があるところでは時間の進み方が遅くなります。

このときアインシュタインは、「重力によって空間がゆがむと、そのゆがみが波（重力波）となって伝わる」と予言しました。しかしこの重力波は長らく観測されることはなく、多くの物理学者から「アインシュタインからの宿題」といわれてきました。

そして2015年、アメリカのレーザー干渉計重力波観測施設（LIGO）が、重力波を直接検出することに成功しました。LIGOは長さ4キロメートルの観測装置2基を組み合わせて、空間のゆがみを測定する施設です。重力波の検出に成功したことで、その後、これまで見ることのできなかった宇宙を調べることが可能になり、人類は新しい宇宙観測の方法を手に入れたのです。

重力波の存在は
100年かかって
証明されたんだワン。

時にはミスも認めた！

エドウィン・ハッブル 1889-1953

アメリカの天文学者。近代を代表する天文学者の一人で、現在の宇宙論の基礎を築いた。

天才といわれるアインシュタインですが、まちがいを認めたこともあります。ある時、宇宙の姿を解き明かそうと、一般相対性理論から「アインシュタイン方程式」という数式を導きだします。この数式にしたがうと、「宇宙は重力によって縮んで、いずれつぶれてしまう」という結果が出ました。当時は、「宇宙の姿はまったく変わらないものだ」と考えられていたため、アインシュタインは、自らの数式に、宇宙が縮もうとする力を打ち消す「宇宙定数（宇宙項）」を書き足したのです。

その後、アメリカの天文学者**エドウィン・**

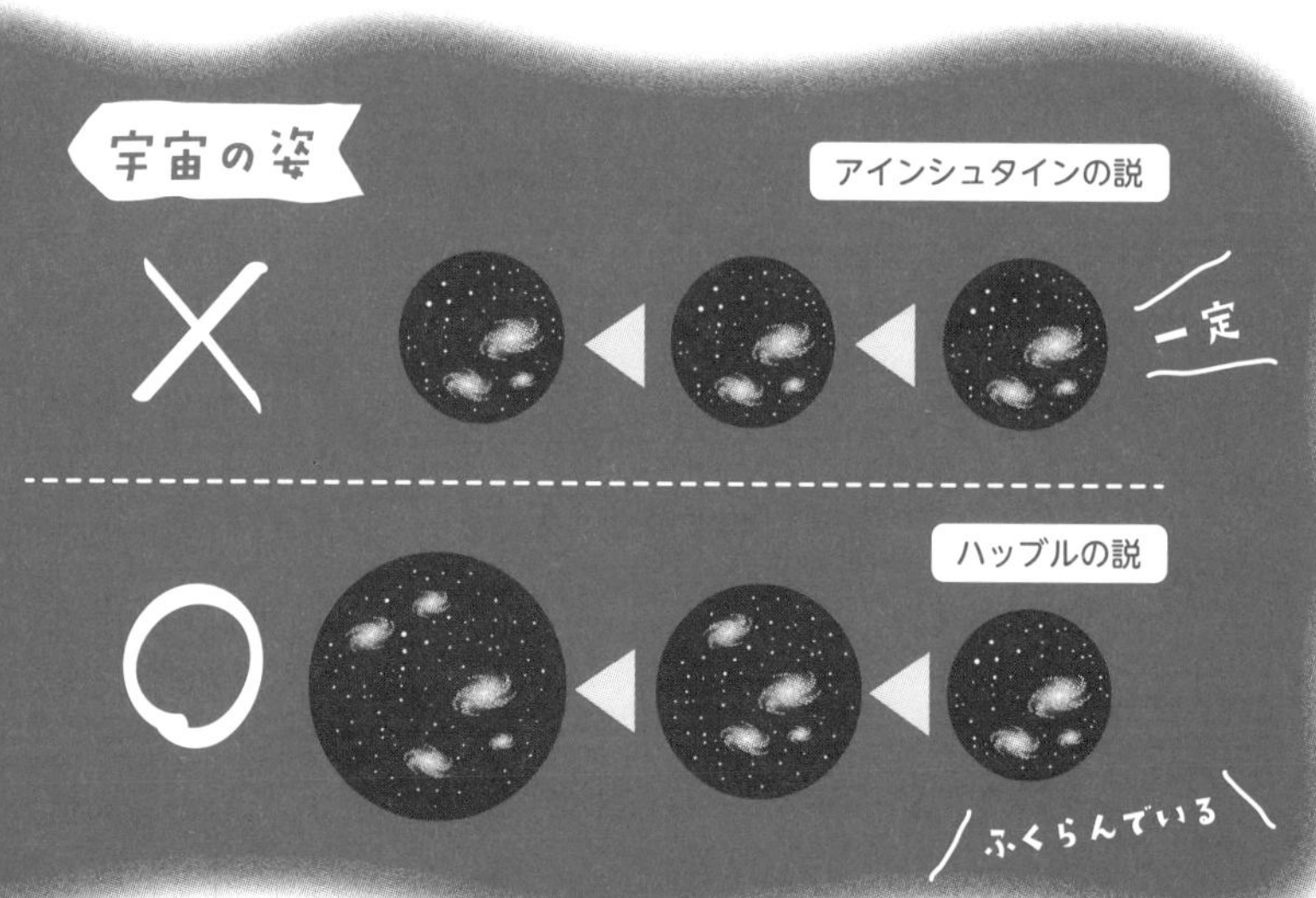

量子力学
原子や分子、素粒子(そりゅうし)などの目に見えない世界の物理現象をあつかう理論。

ハッブルが、観測を通して「宇宙の姿は一定ではなく、ふくらんでいる」ということを証明しました。するとアインシュタインは「宇宙定数を加えたことは人生最大の過(あやま)ちだった……」と認めたのです。

ところが20世紀末、「宇宙のふくらみ方は、一定ではなく、加速している」ことが明らかになりました。ということは、宇宙のふくらみ方を加速させるエネルギーがあるはずです。そしてこのエネルギーこそがアインシュタインの宇宙定数ではないか、と考える研究者たちもいるのです。

また、当時の新しい物理学の一つ「**量子力学**」についても最初は否定的(ひていてき)でした。小さな世界では現象(げんしょう)を確率的にしか表せないという量子力学のあいまいな考え方に納得(なっとく)せず、「神はサイコロを振(ふ)らない」と批判(ひはん)しました。

デンマークの理論物理学者**ニールス・ボーア**と量子力学の解釈(かいしゃく)をめぐって何度も論争をしたことがよく知られています。量子力学は不完全だと考えるアインシュタインに反論するために研究が活発に行われ、アインシュタインは結果的に量子力学の発展に大きな役割(やくわり)を果たすことになりました。

ニールス・ボーア 1885-1962
デンマークの理論物理学者。量子力学を大きく発展させ、1922年にノーベル物理学賞を受賞した。

ノーベル物理学賞を受賞

光電効果を深ぼりしよう！

「はく検電器」という装置を使って、「光電効果」をわかりやすく解説するぞ。

？ 考えてみよう！

装置の「アルミはく」を閉じさせるには何をすればいいかな？

ガラス瓶の中に2枚のアルミはくを閉じ込めたふしぎな装置。この装置にあることをすると、開いていた2枚のはくが閉じるのじゃ。そのあることとはなんじゃろう？

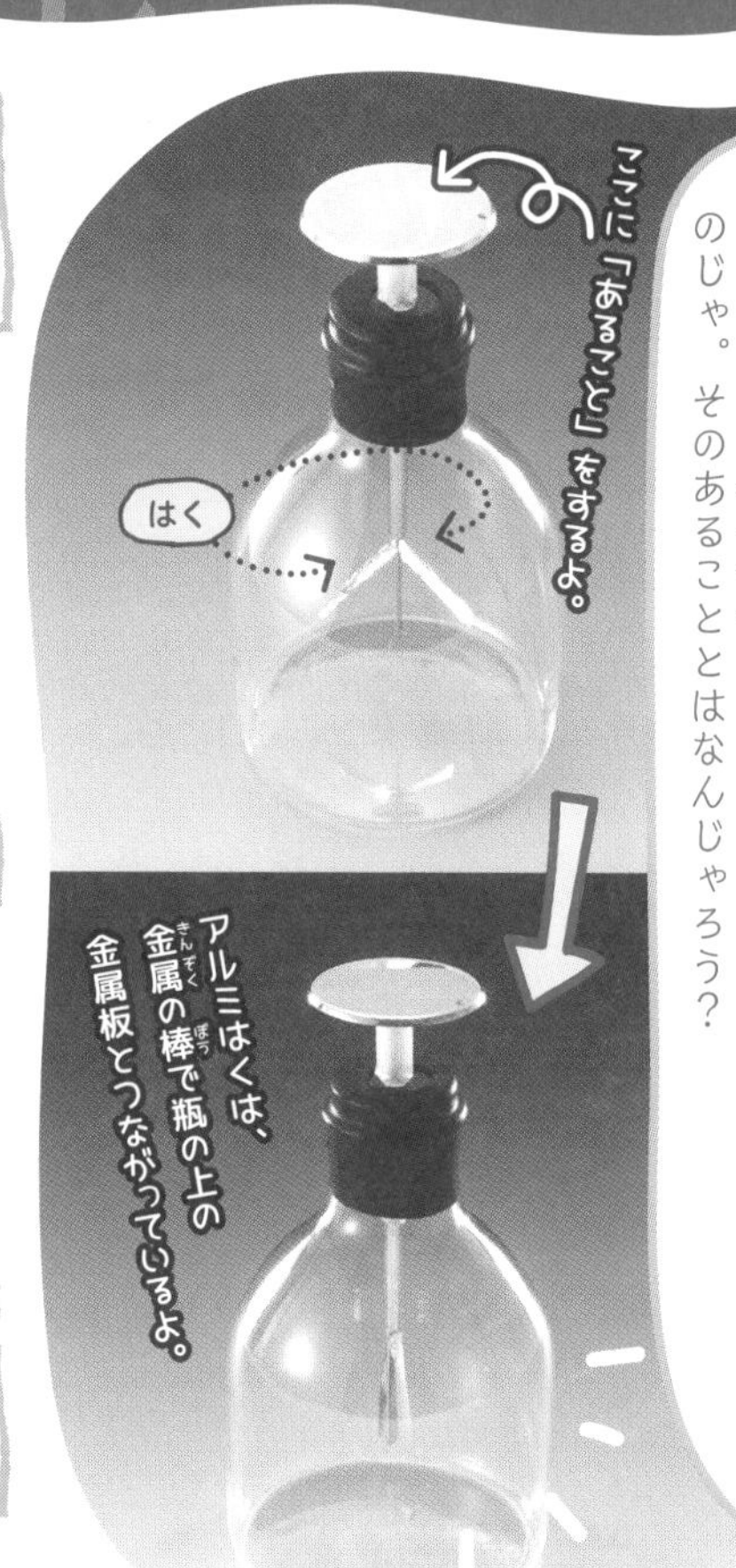

1 磁石を近づける。

アルミは金属だから、磁石で反応が起きそう！

2 光を当てる。

アインシュタインが解決したのは光の謎だったから、きっと光だワン！

3 息を吹きかける。

上から、強く息を吹きかけるんじゃないかな？

こたえは……

2 光を当てる。

上の部分の金属板に光が当たると、金属部分にいっぱいつまっていた電子(電気のもとになる小さな粒)に光の粒が勢いよくぶつかって、金属板から電子がたくさん飛び出すのだ。それで「アルミはく」が閉じたぞ。これが「光電効果」じゃ。もっとくわしく見てみるぞ。

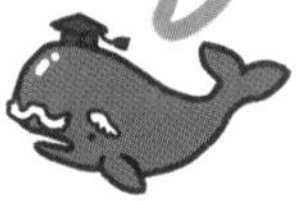

もっとくわしく　はく検電器の実験

はく検電器には、前もってマイナスの電気をためておく。マイナスどうしの電気は反発するので、はくは開いた状態になる。

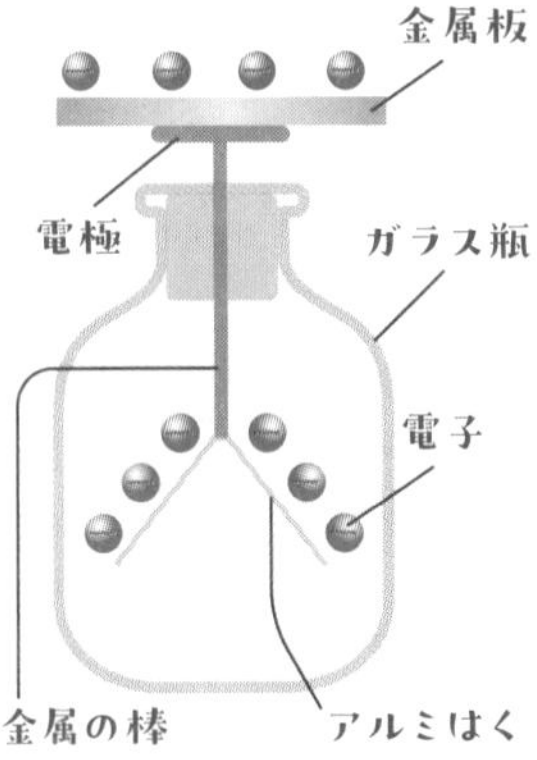

ワン!ポイント

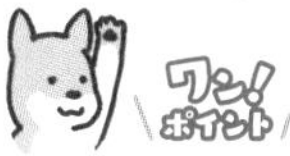

「電気」には、マイナスの電気とプラスの電気があり、磁石のように引き合ったり、反発したりする性質があるんだワン。

光電効果の発見

「光電効果」は、1887年に**ヘルツ**という科学者が発見した現象です。金属の板に光を当てると何かが飛び出し、電気が発生したのです。

その後、1905年に物理学者の**レーナルト**が、飛び出しているのが電子であることをつき止めました。

さらに、光電効果では当てる光の量

ハインリヒ・ヘルツ 1857-1894

電磁波があることを証明したドイツの物理学者。その名前は「周波数」の単位(ヘルツ[Hz])になっている。

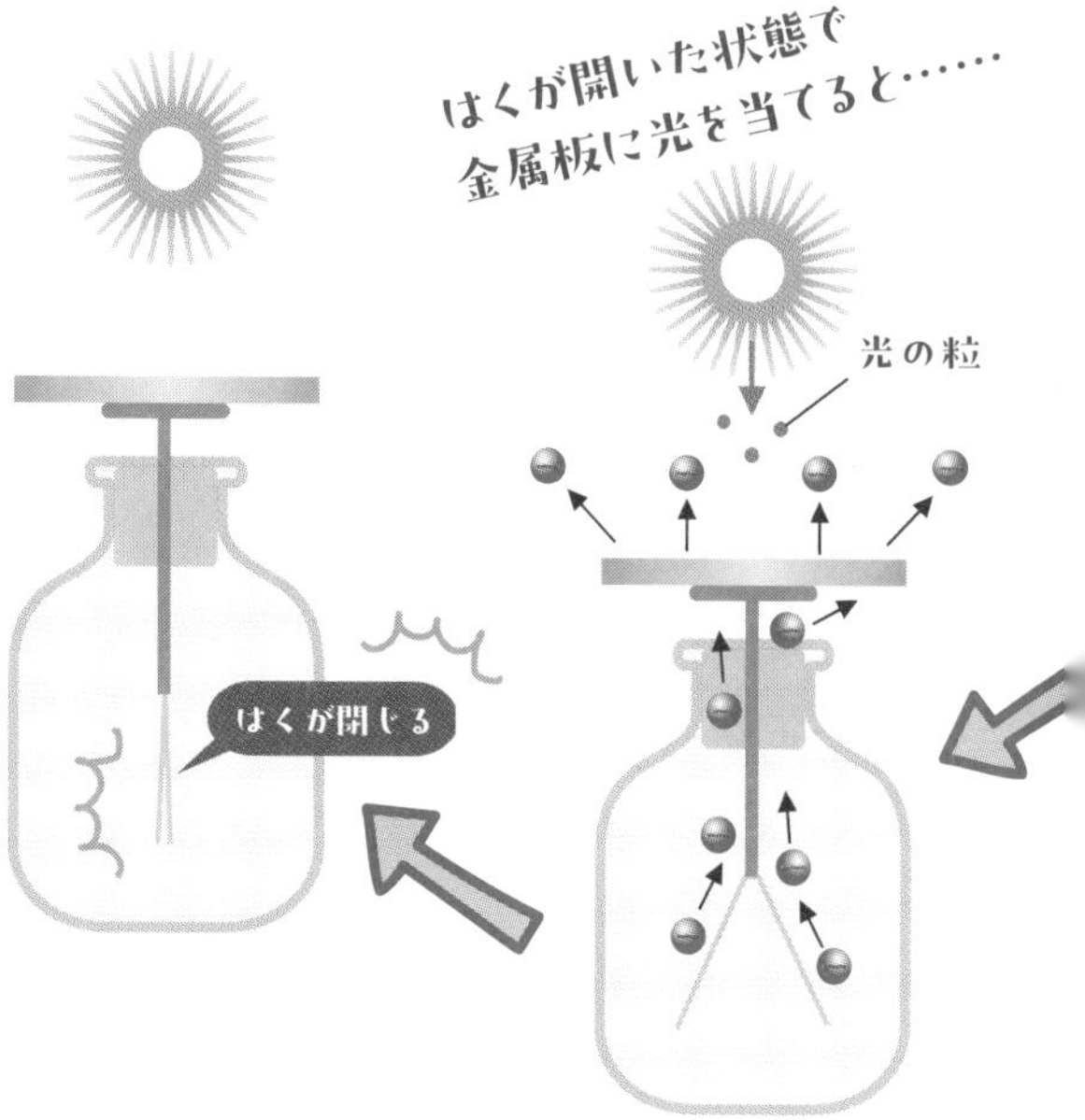

光の粒が金属板の中の電子にぶつかって、電子が光のエネルギーを受け取って飛び出す。すると、はくにたまっていたマイナスの電子が金属板に移動して飛び出すために減り、反発力が弱まって、はくが閉じていく。

を強くしても、発生する電気の量は変わらないこと、当てる光の種類(波長)を変えると、光電効果が起こったり、起こらなかったりすることを発見しました。

光を当てると電子が飛び出すのはなぜ?

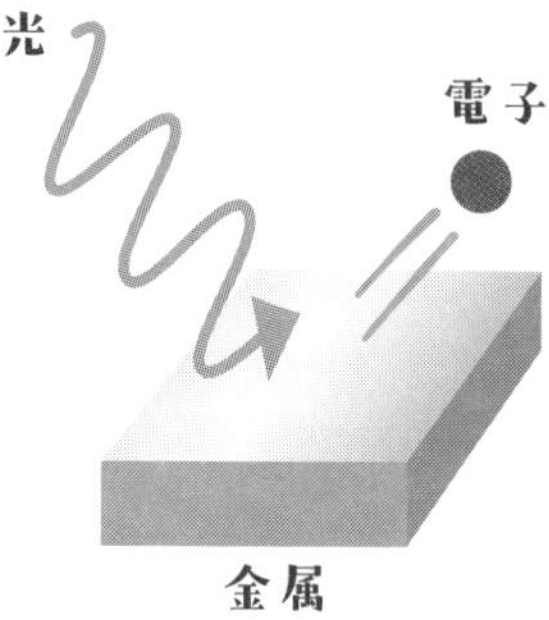

フィリップ・レーナルト 1862-1947

ドイツの物理学者。電子の流れを観察できる陰極線の研究で1905年にノーベル物理学賞を受賞した。

「光電効果」で光の粒が出てきたが、光の正体は「波」という考え方もあったぞ。

光の正体は波でもあり、粒子でもあることがわかった！

光電効果では、どんな光でも明るくすればエネルギーが大きくなり電子が多く飛び出ると思われていました。しかし、光の種類によっては強い光でもまったく電子が飛び出ません。この現象は、光が持つ「波」の性質では説明できませんでした。

そこでアインシュタインは

光は波でもあるし、粒子でもある

と考えました。

光が持つ、波としての性質

光は空間を伝わっていく「波」の一種で、その波の長さ（波長）によって色がちがいます。また、光には目に見える光と、見えない光があります。目に見える光は「可視光線」といい、目に見えない光には、「紫外線」や、「赤外線」などがあります。

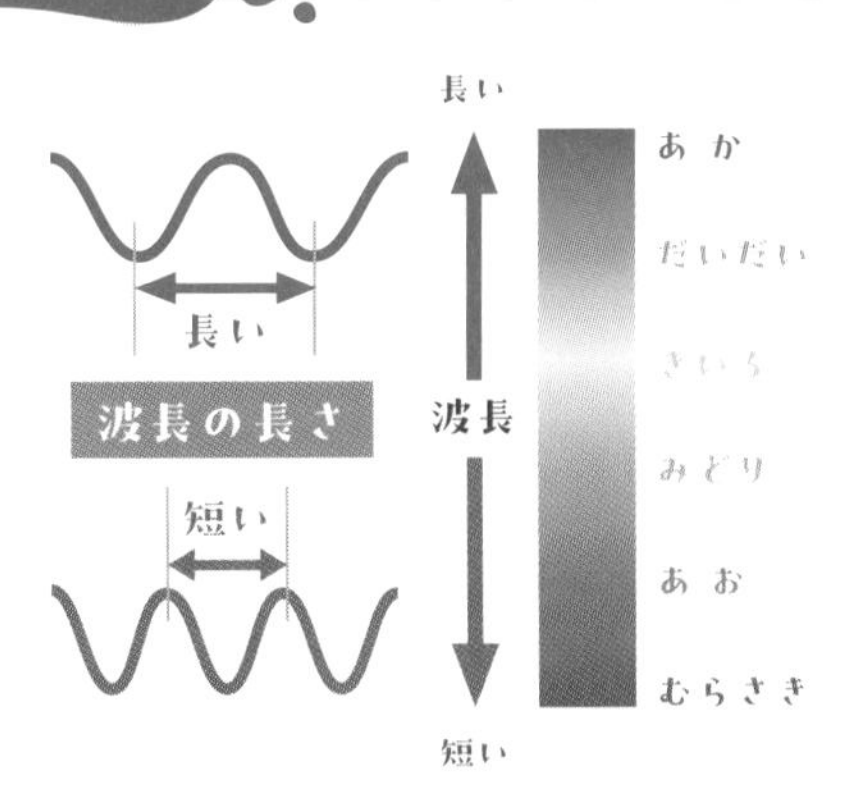

光の正体は「粒（粒子）」なのか、「波」なのか。

この論争は約200年も続いていました。

光は振動数に比例するエネルギーを持つ「粒」で、金属の中で電子とぶつかると、その電子が光のエネルギーを受け取って飛び出します。しかし、光の種類によって電子が飛び出たり出なかったりします。振動数が高いむらさきの光は、波長が短く、電子が飛び出ますが、振動数が低い赤い光は、波長が長く、電子が飛び出ないのです。

むらさきの光は弱い光でも強い光でも電子が飛び出る。

赤い光は強い光でもまったく電子が飛び出ない。

光が持つ、粒子としての性質

波長が短い光

エネルギーが大きい。

数は少なくてもエネルギーが大きいので、電子が飛び出る。

飛び出る！

金属

波長が長い光

エネルギーが小さい。

数が多くてもエネルギーが小さいので電子は飛び出ない。

飛び出ない！

金属

身の回りで 光電効果は利用されてるよ！

こんなに身近にあるんだ！

この光電効果を利用すると、光を電気に変えることができます。

ソーラーパネルを使うと、太陽光のエネルギーから電気エネルギーを生み出すことができます。光を電気信号に変える「光センサー」も光電効果を使っています。光センサーは自動ドアや、自動点灯ライトなどに使われています。

さらに、リモコンの受信装置、DVDプレーヤーのディスクを読み込む部分、デジタルカメラのCCD（撮像素子）などにも光センサーが使われていて、私たちのくらしを支えているのです。

人物まとめ

どんな天才でも、苦手なものや、なやみはあった

アインシュタインは、この宇宙に働いているいろいろな法則を見つけて、発表したよ。これらの理論のおかげで、私たちが今使っている太陽光発電や、地図アプリケーション(GPS)など、生活の役に立つ道具も誕生したんだ。

また、アインシュタインが残した論文の内容が10年後にようやく証明されるなど、今でも物理学の世界に大きな影響をあたえているよ。

でも、子どものころは苦手な科目もあったし、人生のなかで失敗や後悔をしたこともあったんだ。天才でも、苦手なものや、なやみはあるんだね。

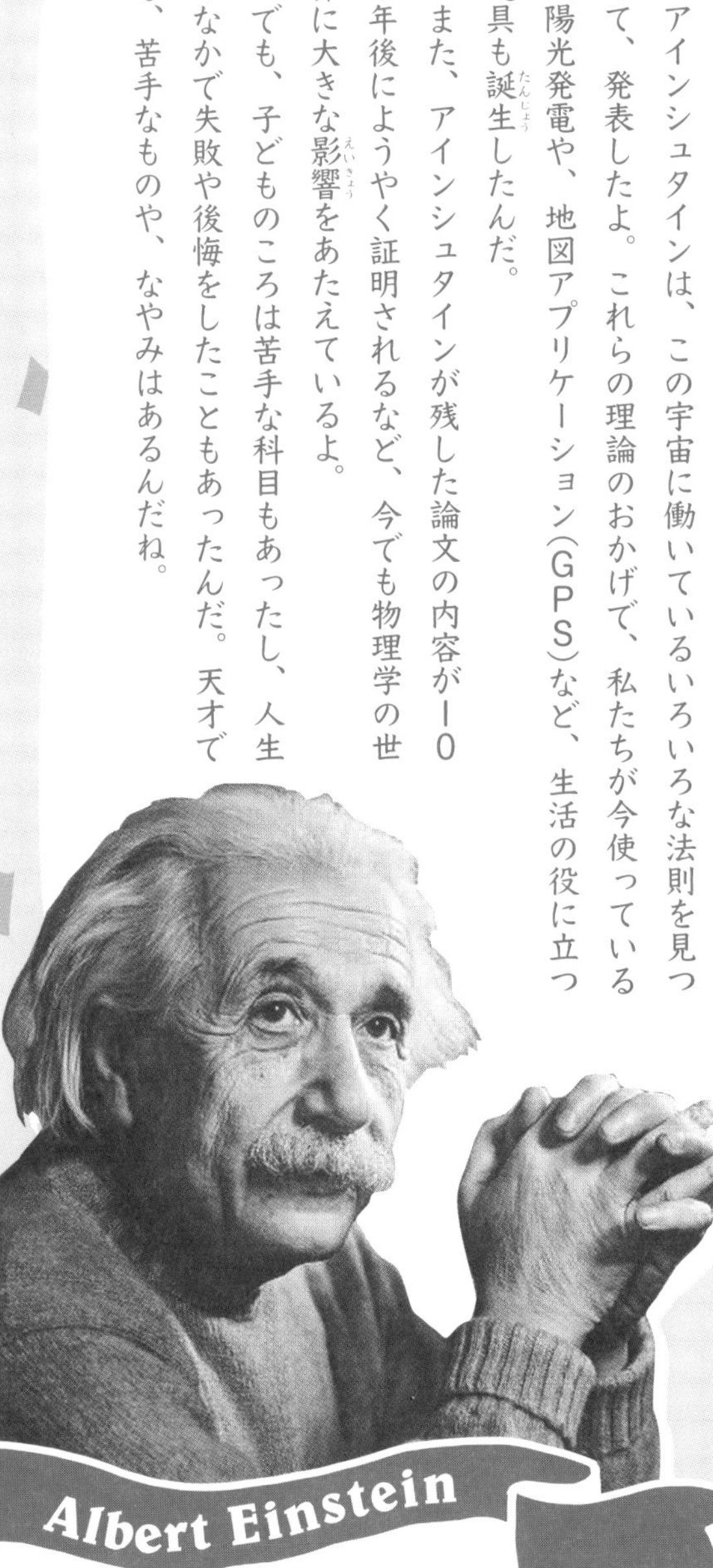

日本人初のノーベル賞受賞者

湯川秀樹

1907年→1981年

物理学の伝統にしばられず自由な発想で「中間子論」を発表した湯川秀樹。日本人初のノーベル賞受賞者となりました。

ひととなり人生年表

START

0歳

1907年1月23日に東京市麻布区市兵衛町（現在の東京都港区）で生まれる。当時の名前は小川秀樹。

27歳

1934年、「中間子」を予言する理論を学会で発表し、英語の論文にまとめ、翌年日本の専門誌に掲載される。

▼ p.48

30歳

1937年、中間子論の第2論文を発表し、翌年には第3、4論文を発表。大阪帝国大学より理学博士の学位を授与され、1939年、京都帝国大学の教授に就任。

42歳

1949年、ノーベル物理学賞を受賞する。

次のページから、くわしく見てみるぞ

12歳

1919年、京都府立第一中学校（現在の洛北高校）に入学する。旧制中学の修業年限は5年だったが、4年で修了。

▼ p.46

16歳

1923年、第三高等学校（現在の京都大学の前身の一つ）に入学。

▼ p.48

22歳

1929年、京都帝国大学を卒業。大学の無給の副手となり、理論物理学を研究する。

25歳

1932年、京都帝国大学理学部講師となる。湯川スミと結婚し、姓が湯川となる。

48歳

1955年、ラッセル=アインシュタイン宣言の共同署名者となる。世界平和アピール七人委員会を結成する。

74歳

1981年9月8日、急性心不全のため京都市の自宅で亡くなる。

▼ p.50

1948年にアインシュタインもいたアメリカ・プリンストン高等研究所で研究をしていたよ。

連合国軍

アメリカやイギリス、ソ連（今のロシア）を中心とする連合国の軍隊。第二次世界大戦で日本、ドイツ、イタリアを中心とする枢軸国(すうじくこく)に勝利した。

戦後の混乱(こんらん)の中でのノーベル賞

1949年11月4日のことです。街角で新聞の号外が配られ、たくさんの人が争って手を伸(の)ばしました。「号外」とは、とても大きなニュース、重要なニュースがあった時に、そのニュースを早く伝えるために臨時(りんじ)で印刷される新聞で、無料で配られます。その号外は、湯川秀樹のノーベル物理学賞受賞を伝えるものでした。日本人として初めてのノーベル賞受賞でした。

当時の日本は、第2次世界大戦の敗戦からわずか4年後で、**連合国軍**の占領下(せんりょうか)にありました。多くの人は貧(まず)しく、生きていくのに精(せい)いっぱいでした。そんな時代に、同じ日本人である湯川が国際的(こくさいてき)に認(みと)められ、ノーベル賞を受賞したというニュースは、多くの日本人を勇気づけました。

毎日新聞

毎日新聞社（東京）

号外

昭和廿四年十一月四日（金）

湯川博士にノーベル賞
日本人初めての受賞

【ストックホルム特電（UP）三日発】スエーデン科学院は三日、一九四九年度ノーベル物理学賞を日本の湯川秀樹教授に授与した、日本人の受賞は今回が最初である、賞金は十五万六千二百八十九・六二スエーデン・クローネ（米貨三万百七十一ドル七十四セント、邦貨約一千八十六万円）で右賞金はアルフレッド・ノーベル氏死後五十三年を記念して十二月十日ストックホルムで開かれるノーベル祭で湯川氏に手渡される

湯川秀樹博士

注 湯川博士は中間子理論の提唱者としてわが国が誇る世界的な原子物理学者で、明治四十年生れ四十二歳、昭和三年京大物理学科卒、同十三年五月ワルソーで開かれた物理学会では博士の素粒子を『ユカワ・エレクトロン』と命名すると報ぜられたこともあり、十五年には学士院恩賜賞を受賞、この年にノーベル賞受賞候補にも挙げられた、同十八年四月文化勲章を拝受、昨年米国プリンストン大学高等科学研究所長オッペンハイマー博士の招へいを受け、同所の客員教授として九月二日夫人同伴で渡米、今秋任期は満了したが更にコロンビヤ大学に招かれて研究を続けることになり現在滞米中である、なお博士は本年五月、日本最初の米国学士院外国会員に推薦された

▶湯川秀樹のノーベル賞受賞を伝える号外。

本を読むのが好きだった子ども時代

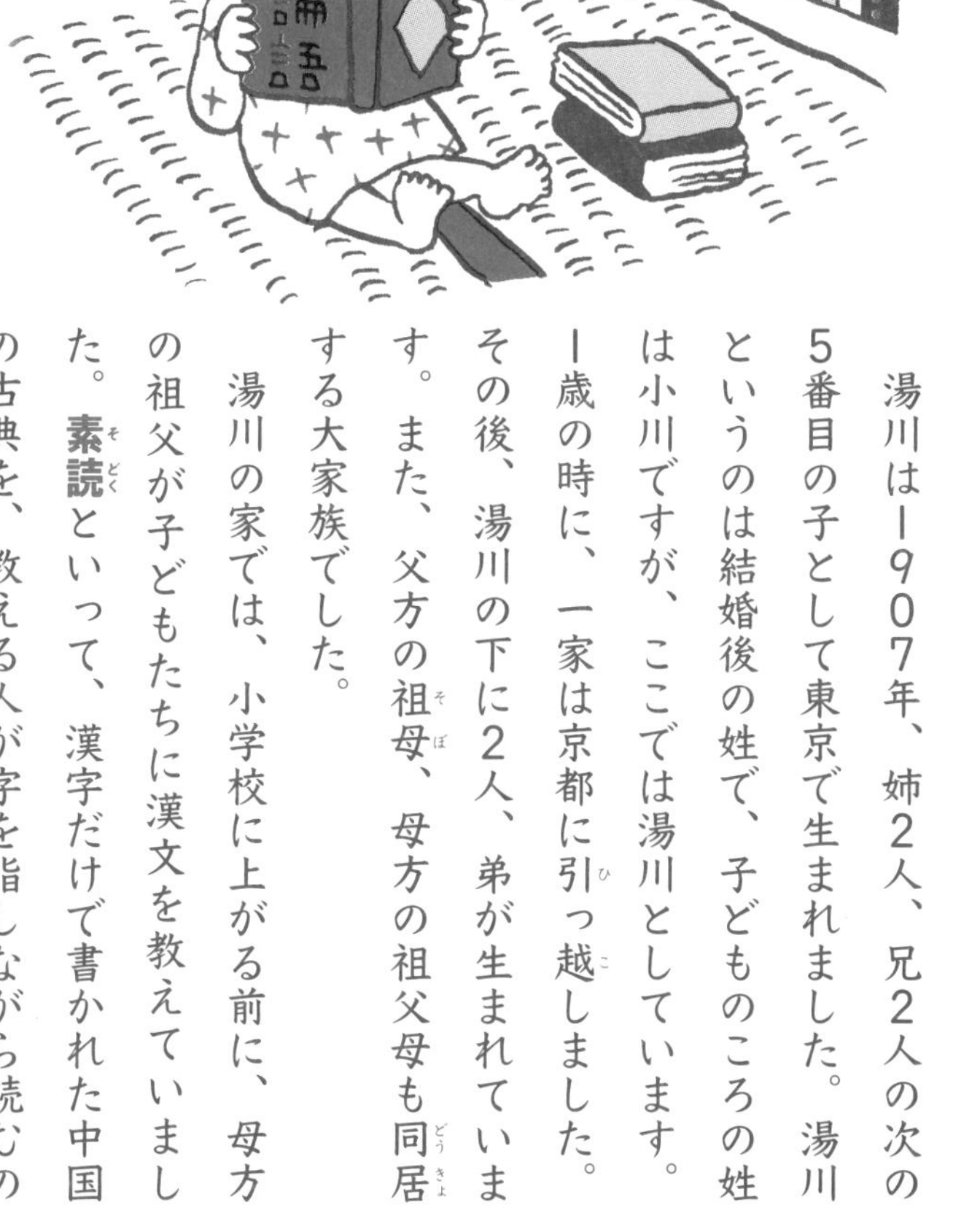

湯川は1907年、姉2人、兄2人の次の5番目の子として東京で生まれました。湯川というのは結婚後の姓で、子どものころの姓は小川ですが、ここでは湯川としています。1歳の時に、一家は京都に引っ越しました。その後、湯川の下に2人、弟が生まれています。また、父方の祖母、母方の祖父母も同居する大家族でした。

湯川の家では、小学校に上がる前に、母方の祖父が子どもたちに漢文を教えていました。**素読**といって、漢字だけで書かれた中国の古典を、教える人が字を指しながら読むの

日本の科学者だけでなく、
日本国民みんなの自信になる
ニュースだったんだね。

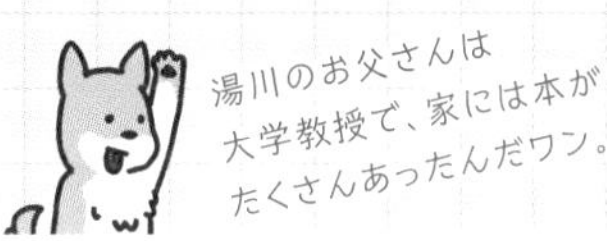

湯川のお父さんは
大学教授で、家には本が
たくさんあったんだワン。

にしたがって、字を見ながら声に出して読むのです。江戸時代には盛んで、寺子屋で素読が行われていました。素読のおかげで、湯川は小学校に入るころにはいろいろな漢字を読むことができました。家にはたくさんの本があり、文学や物語を読むのが大好きでした。

小学校時代の先生は湯川について、内面はしっかりしていて自我が強い、と書く一方で、大変涙もろい、少しくらいのことで泣かないようにすること、とも書いていました。負けん気も感受性も強い子どもだったのです。

「うかうかしてはおられない」

中学時代に一番好きだったのは数学でした。難しい問題を自分で考えることが楽しかったのです。図書館で本を読むのも好きでした。この中学には生涯の友となりライバルとなった、**朝永振一郎**(1965年、ノーベル物理学賞受賞)もいました。

素読の例『論語』

子曰、「学而時習之、不亦説乎。有朋自遠方来、不亦楽乎。人不知而不慍、不亦君子乎」(子曰く、「学びて時に之を習う、亦説ばしからずや。朋遠方より来る有り、亦楽しからずや。人知らずして慍みず、亦君子ならずや」)

朝永振一郎 1906-1979

日本の物理学者。素粒子物理学を中心とする理論物理学の研究に取り組み、1965年に湯川秀樹に続いて日本人で2人目のノーベル賞を受賞。

一方で、物理学に興味が出てきました。本屋でフリッツ・ライヘというドイツの物理学者の書いた『**量子論**』という本の英語版を見つけ、「それまで読んだどんな小説よりもおもしろい」と思うほど夢中になり、物理の世界にひかれていきます。

1926年に高校を卒業した湯川は、京都帝国大学理学部物理学科に進学します。シュレーディンガーが量子力学の理論である「波動力学」を発表した年で、世界中の物理学者が活気づいていました。「うかうかしてはおられない」と思った湯川は、ドイツ語や英語の新刊専門書を次々に買い、大学の図書室にも通い、海外の専門誌に次々に発表される量子力学の新しい論文を、一生懸命読んでいきました。そして理論物理学の道に進むことに決め、朝永と同じ研究室に入りました。

高校時代の写真。左端に写るのが湯川秀樹。

『量子論』

ドイツの物理学者フリッツ・ライヘが1921年に出した物理学に関する本。当時の物理学の最先端研究だった「量子」に関する考察が書かれている。

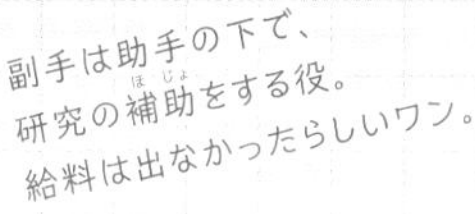

地図を持たない旅行者

湯川は大学の副手（無給で研究室の補佐をする）を経て、京都帝国大学や大阪帝国大学で講師になります。結婚して姓が小川から湯川になったのもこのころです。物理学の研究が進んでいるヨーロッパやアメリカからは、物理学上の重大な発見のニュースが次々と伝えられてきます。

当時、物理学の大きな問題の一つに、「原子核をつくる陽子と中性子を結びつけている力（核力）の正体は何か？」というものがありました。この問題のことが頭から離れず、論文を書くこともできず、２年ほどは、本当に苦しい日々を過ごし、不眠症になってしまうほどでした。

ある時、湯川はそれまでの常識をいったん捨てました。そして陽子と中性子を結びつける、まったく新しい粒子を理論から仮定して「中間子」と名づけました（⇩51ページから深ぼり！）。このことを１９３４年に東京帝国大学で開かれた学会で発表し、論文を英語で書いて翌年世界に発表しました。

『ネイチャー(Nature)』
イギリスの科学雑誌。1869年に創刊され、科学の世界で特に権威のある学術雑誌となっている。

１９３５年にはイギリスの科学雑誌『ネイチャー』にも論文を送りましたが、掲載されませんでした。当時の物理学の中心は欧米であり、日本の湯川の論文は、まるで相手にされなかったのです。

しかし、１９３７年に湯川が予言した質量を持つ粒子の存在が確認されると、アジアの片隅で新しい理論が発表されていたことに世界中の研究者が驚き、競って中間子の研究をするようになりました。理論だけで新たな粒子の存在を予測するという湯川のやり方は、画期的なものでした。

学者として評価された湯川は１９４８年に、アメリカのプリンストン高等研究所から客員研究員として招かれました。研究所に着いて間もないころ、湯川に面会を求めてきた人がいました。アルベルト・アインシュタインです。２人は１９３９年にも会ったことがあり、第２次世界大戦をはさんでの再会でした。アインシュタインはアメリカ大統領に原子爆弾を開発

▶中間子の存在を予想し、日本数学物理学会で発表した湯川の論文「素粒子の相互作用について I」の手書き原稿。

アインシュタインと湯川。

写真：Alamy/アフロ

するようにすすめる手紙に署名したことを、ずっと後悔していました。

アインシュタインの呼びかけにこたえて、核兵器廃絶を訴える「ラッセル＝アインシュタイン宣言」に湯川も署名しました。そしてその後、湯川は生涯にわたって平和運動に力をつくし、1981年に亡くなります。

湯川は著書『**旅人**』の中で、次のように書いています。「未知の世界を探求する人々は、地図をもたない旅行者である。地図は探求の結果としてできるのである。目的地がどこにあるか、まだわからない。もちろん、目的地へ向っての真直ぐな道など、できてはいない」。湯川の切り開いた道は、その後の素粒子物理学の発展への道となったのです。

『旅人 ―ある物理学者の回想』

1958年に朝日新聞で連載され、同年に刊行された湯川秀樹の自伝。生まれた時から27歳ごろまでの半生が語られている。

ノーベル物理学賞を受賞

中間子を深ぼりしよう！

原子の中にある2つの粒子を結びつけている「中間子」をわかりやすく解説するぞ。

原子の構造

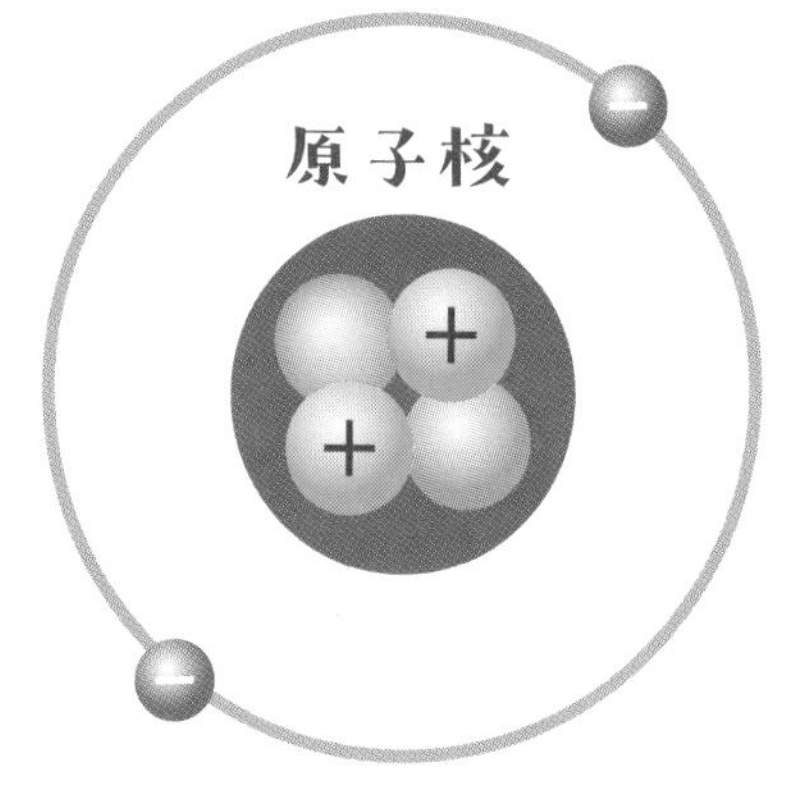

考えてみよう！

中間子は、何と何を結びつけているのかな？

「中間子」は、湯川秀樹が１９３４年に発表した理論じゃ。

1. 中性子と中性子
2. 陽子と陽子
3. 陽子と中性子

たしか、原子は原子核とマイナスの電気を持った電子からできていたよね。

その原子核の中にあるのは、えっと……。

こたえは……

③ 陽子と中性子

原子は原子核と、そのまわりを高速でまわる電子でできていて、原子核の中には陽子と中性子がある。この原子核の中の陽子と中性子を結びつける粒子として考え出されたのが中間子じゃ。どういうことか、くわしく見てみるぞ。

原子を形づくる粒子は、なぜばらばらにならないの？

1930年代には世界中の物理学者の研究によって、原子核はプラスの電気を持つ「陽子」と、電気的に中性の「中性子」でできていることがわかりました。しかし、プラスの電気を持つ陽子どうしは反発するはずです。中性子は電気を持たないので、陽子をまとめるような力はありません。それなのになぜ、原子核はばらばらにならないのでしょうか。

当時、自然界に働く基本的な力として知られていたのは、「**電磁気力**」と「**重力**」でし

今わかっている原子の姿

原子核
陽子
中性子
電子

電磁気力
電気力と磁気力の2つの力がある。私たちの身近にある電磁気力の例は、静電気や磁石の力など。

湯川の時代はここが謎だった！

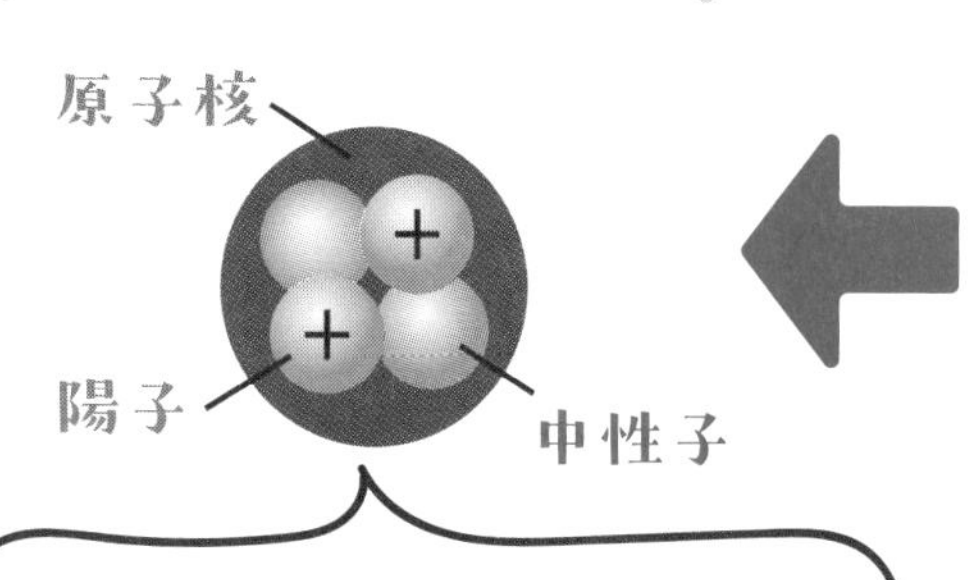

なぜばらばらにならない？
結びつけている核力は何か？

た。「電磁気力」は電気力と磁気力のことですが、プラスの電気を持つ陽子どうしが離れないのなら、原子核をまとめているのは電磁気力ではない力です。一方、重力は私たちの体を地球に引きつけている力ですが、ごく小さな質量しか持たない陽子や中性子の間ではほとんど働きません。また重力は電磁気力よりもずっと弱いのです。これは、例えば机の上に置いてある金属のクリップに上から磁石を近づけると、クリップは簡単に重力に逆らって机を離れ、磁石にくっつくことからもわかります。

では、原子核をまとめている力とは、いったいなんなのでしょうか。「核力」とよばれるこの力の大きな謎に、湯川は挑んだのです。

重力
地球の万有引力（すべての物体はお互いに引き合っていること）と、地球の自転による遠心力が合わさった力のこと。

中間子のキャッチボールで核力が生まれる

核力は電磁気力より大きな力です。一方で、原子核内の、とても短い距離でしか働かない力です。湯川は**量子力学**の原理をあてはめ、原子核の中に核力となる未知の粒子があるのではないかと考えるようになりました。そして、これは陽子の質量よりは小さいので、電子と陽子の中間の質量を持つ粒子という意味で、湯川はこの粒子を「中間子」と名づけました。

湯川は1934年、陽子と中性子の間で、プラスかマイナスの電気を持つ中間子が高速でやり取りされることで核力が伝えられるという「中間子論」を発表しました。

陽子と中性子を結びつける中間子

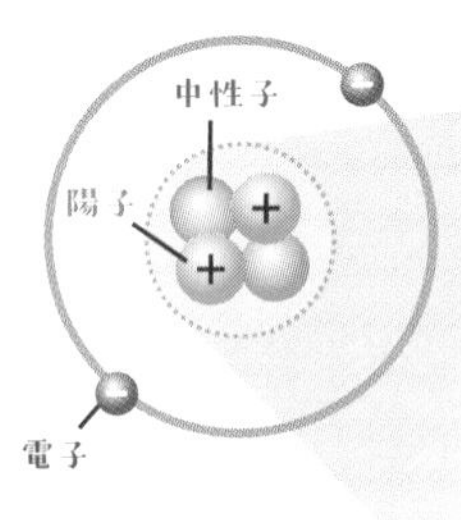

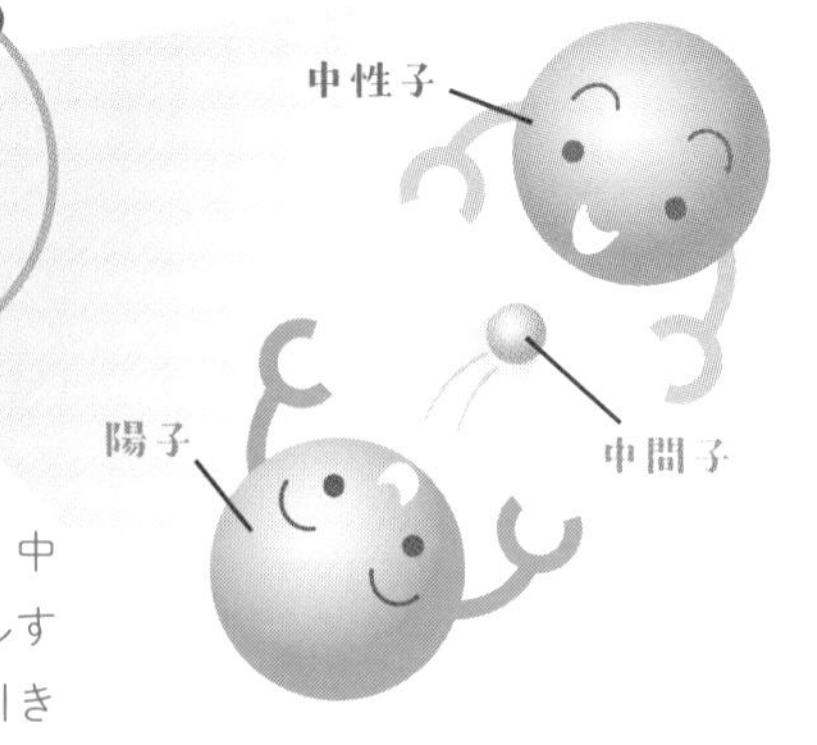

陽子と中性子の間で、中間子をキャッチボールすることで、お互いに引きつけ合う力が働く。

量子力学
量子はとても小さな物質やエネルギーの単位のこと。量子力学は、電子や原子などのとても小さな世界で起こる法則をあつかう。

宇宙線の中に中間子が見つかった！

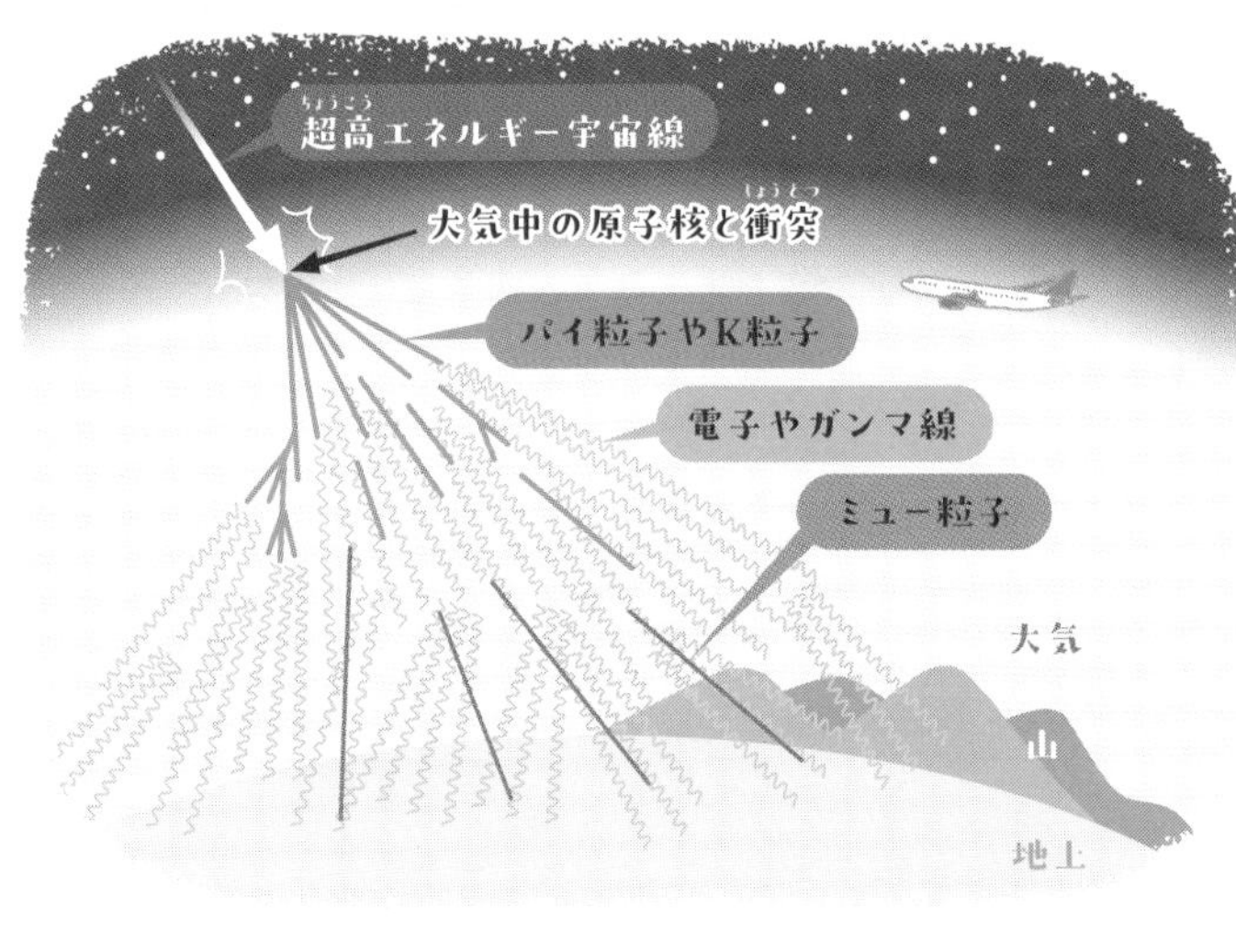

しかし、そんな粒子は、なぜ見つからないのでしょうか。湯川の計算では、中間子を生み出すには大きなエネルギーが必要でしたが、当時の技術では、そのようなエネルギーを作り出すのは不可能でした。湯川は、中間子は宇宙線（宇宙から降りそそぐ放射線）の中には見つかると予言しました。

実際、１９３７年には湯川が予言したのと同じくらいの質量を持つ粒子が宇宙線の中に発見されました。この粒子はのちに湯川の中間子とはちがうことがわかり、現在では**ミュー粒子（ミューオン）**とよばれています。そして１９４７年、宇宙線の中に湯川の予言した中間子（パイ中間子）が発見され、湯川の中間子論の正しさが証明されたのです。

ミュー粒子（ミューオン）
電子の仲間の素粒子。素粒子は、それ以上分割することができない、粒子の一番小さい単位のこと。

世界は小さな粒(クォーク)からできている。

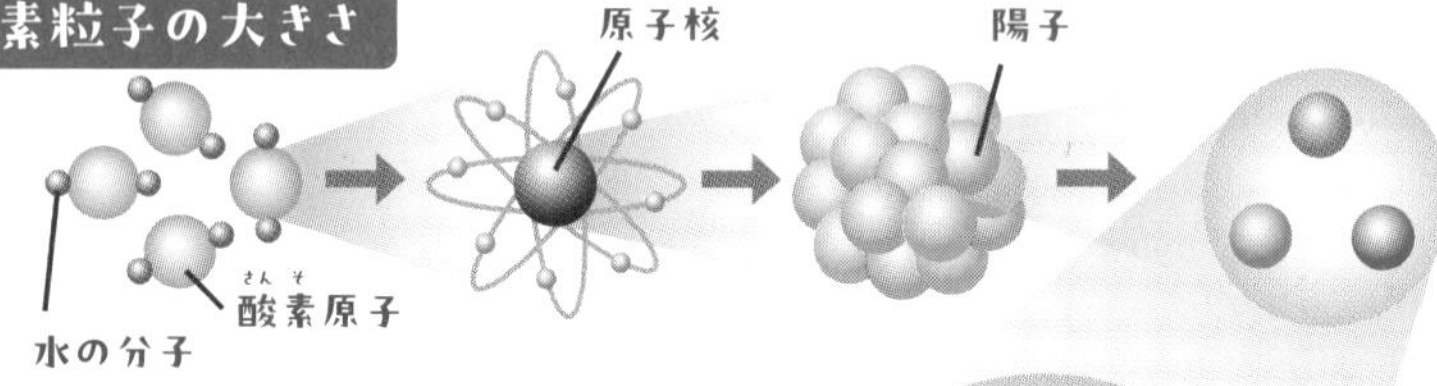

物質をどんどん分割していくと、これ以上小さくできない粒子、素粒子にまで分けられる。その素粒子の一つがクォーク。

3つのクォークは「グルーオン」で結びつけられている。

現在、自然界に働く力は「重力」「電磁気力」のほか、「強い力」「弱い力」の4種類が考えられています。また、陽子や中性子は、クォークという素粒子でできていることがわかってきました。陽子や中性子の中には3つのクォークがあると考えられています。

この陽子や中性子を形成するクォークを結びつけているのが、電磁気力よりもはるかに強い「強い力」で、強い力は「グルーオン」という粒子のやり取りにより伝えられると考えられています。

人物まとめ

強い信念で研究に取り組んだ

湯川はとても几帳面な性格で、論文の原稿や計算ノート、メモなどを整理して保管していたよ。そのおかげで、どんなふうに研究に打ち込んだかがわかるんだ。

海外の論文を必死になって読み、ほぼ独学で研究をしていたころ、湯川はメモに「新シキ時代ノ代表者トナレ」「原子核、量子電気力学ノコトヲ一刻モ忘レルナ」という自らを奮い立たせる言葉を書いていたんだ。なんとしても最先端の物理学の研究に追いつき、さらに自分が新しい発見をするんだ、という湯川の強い信念を感じることができるね。

そんな苦労のなかで完成した論文は、最初は注目されなかったけど、2年後に脚光をあび、13年後に決定的証拠が見つかり、15年後のノーベル賞受賞につながったんだね。

Yukawa Hideki

プラスワン

ノーベル賞を受賞した日本人

日本人が初めてノーベル賞を受賞したのは1949年のことです。湯川秀樹(ゆかわひでき)の物理学賞受賞のニュースは、日本人に大きな希望をあたえました。以降、特に物理学の分野で多くの受賞者が出ています。

ノーベル賞の5分野で受賞

ノーベル賞には、物理学賞、化学賞、生理学・医学賞、文学賞、平和賞、経済科学賞(けいざいかがくしょう)の6分野があります(p.22)。このうち、物理学賞、化学賞、生理学・医学賞の3つを特に「ノーベル自然科学三賞」とよぶことがあります。日本人が受賞したことがあるのは6分野のうち5分野です。日本出身で受賞時は外国籍(がいこくせき)になっていた受

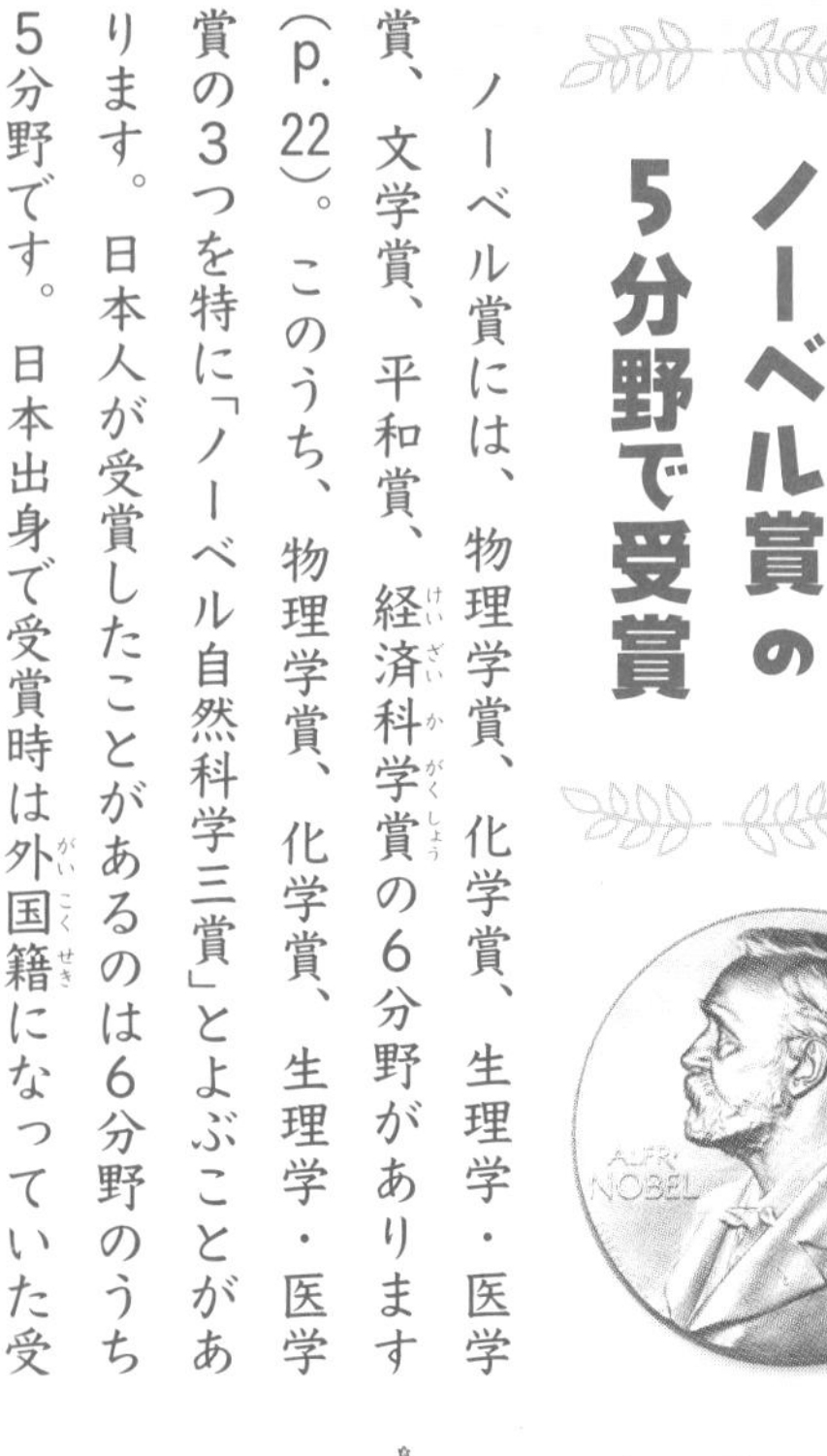

▼スウェーデンのストックホルムにあるノーベル博物館。

賞者もふくめると、これまでに29人、そのうち25人が自然科学三賞で受賞をしています（2023年9月現在）。現在のところ、経済科学賞での受賞者はおらず、女性でノーベル賞を受賞した日本人もいないので、未来に期待がかかります。

5分野のうち、最も受賞者が多いのは物理学賞です。湯川秀樹を皮切りに、素粒子物理学という分野での研究が世界で高く評価されています。「素粒子」とは物質のもとになる原子を構成するとても小さな「粒」です。この粒の種類や性質をくわしく知ることで、宇宙の成り立ちまで解き明かすことができるのです。化学賞は1981年に福井謙一が、生理学・医学賞は1987年に利根川進が、それぞれ日本人で初めて受賞しました。

自然科学三賞以外では文学賞、平和賞でも受賞しています。興味がある人はぜひ受賞者を調べたり、作品などにふれたりしてみましょう。

2022年までの受賞記録

賞の名前	日本国籍の受賞者数	日本出身で外国籍の受賞者数
物理学賞	9人	3人
化学賞	8人	
生理学・医学賞	5人	
文学賞	2人	1人
平和賞	1人	

日本人受賞の歴史

1901年に始まったノーベル賞。しかし日本人が受賞するまでには50年近くかかりました。湯川秀樹の受賞がどれほどうれしいニュースだったかがわかります。

ノーベル賞は毎年10月に発表されて、12月に授賞式が行われるよ！ ニュースにもなるから、チェックしてみてね！

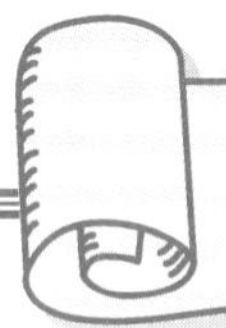

1901年

第1回ノーベル賞

自然科学三賞では物理学賞：**ヴィルヘルム・レントゲン**(p.66)、化学賞：ヤコブス・ヘンリクス・ファント・ホッフ、生理学・医学賞：エミール・フォン・ベーリングがそれぞれ受賞。北里柴三郎は受賞者候補になっていた。

1914～1918年
第一次世界大戦

1939～1945年
第二次世界大戦

1949年

日本は長いこと受賞者がいなかったんだワン。

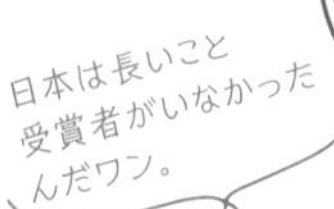

日本人初受賞！

物理学賞
湯川秀樹

「中間子」の存在を予想。(p.42)

1964年
東京オリンピック開催

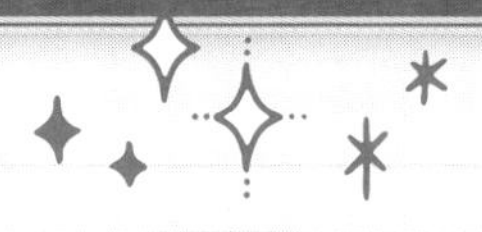

1973年

物理学賞
江崎玲於奈

半導体における「トンネル効果」を発見。半導体とは、温度を上げると電気を通す性質を持つ物質のこと。半導体の中で、とても小さな粒である電子が、まるで壁を通りぬけるような現象が起こることを実験で確かめた。

1972年
1952年からアメリカ合衆国の施政下にあった沖縄県が日本に返還される

1970年
日本万国博覧会（大阪万博）開催

1968年

文学賞
川端康成

日本人の心を文学で表現。作品に『伊豆の踊子』『雪国』『古都』などがある。

1974年

平和賞
佐藤栄作

核兵器を「持たず、つくらず、持ちこませず」という非核三原則を唱えた。

1965年

物理学賞
朝永振一郎

「くりこみ理論」という新しい計算方法を考え出して、物理学を発展させる。

1975年
沖縄国際海洋博覧会（沖縄海洋博）開催：沖縄県の日本本土復帰記念事業

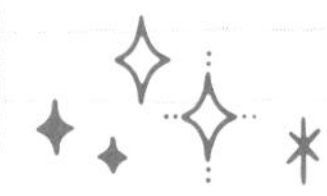

1981年

化学賞
福井謙一

化学反応がどのようにして起こるのかを理論的に考え、「フロンティア軌道理論」という、電子の軌道についての考え方を示した。

1985年
国際科学技術博覧会（科学万博、つくば万博）開催

1987年

生理学・医学賞
利根川進

体の中で病原体などをやっつける働きをする、多様な「抗体」ができるしくみを解明。

1994年

文学賞
大江健三郎

読者の心をゆさぶるような表現で現代人のなやみを描き出す。作品に『万延元年のフットボール』『「雨の木」を聴く女たち』などがある。

1995年
阪神・淡路大震災

2000年

化学賞
白川英樹

電気を通すプラスチックである「導電性プラスチック」を発見した。

2001年

化学賞
野依良治

右手と左手のように、鏡に映したような関係になる分子の形を鏡像体という。この鏡像体を人工的につくり分ける方法を発見した。

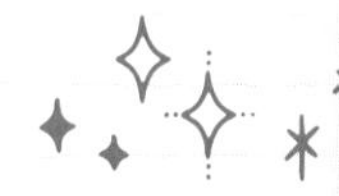

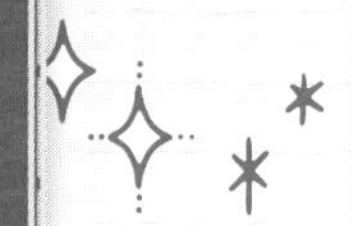

化学賞

田中耕一

タンパク質など、大きな分子の質量を分析する方法を開発。

物理学賞

小柴昌俊

宇宙で生成するニュートリノという素粒子の一種を「カミオカンデ」という装置を使って検出に成功した。

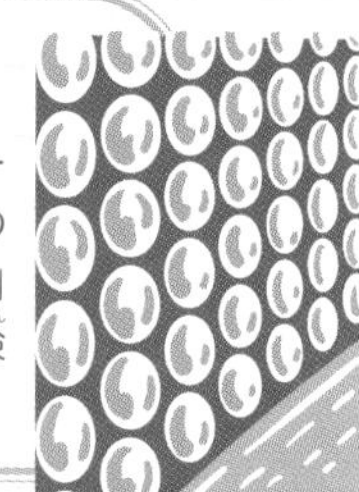

2002年

化学賞

鈴木 章、根岸英一

物質の炭素どうしを結びつける化学反応を効率的に行う「クロスカップリング」という合成法を開発した。

2005年
日本国際博覧会（愛・地球博）開催

2010年

2008年

物理学賞

南部陽一郎

宇宙の成り立ちに関わる「対称性の自発的破れ」を発見した。日本出身、アメリカ国籍。

2011年
東日本大震災

化学賞

下村 脩

オワンクラゲの体から緑色蛍光タンパク質を発見した。

物理学賞

小林 誠、益川敏英

「CP対称性の破れの起源」を発見し、素粒子の一種であるクォークが少なくとも6種類存在することを予測した。

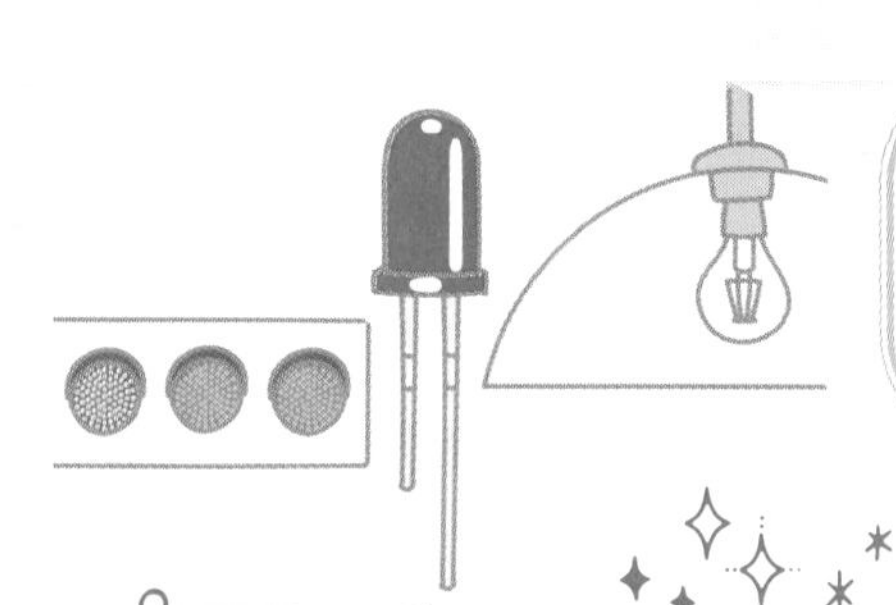

生理学・医学賞

山中伸弥

「人工多能性幹細胞（iPS細胞）」を作製した。（p.6）

2012年

物理学賞

赤﨑 勇、天野 浩、中村修二

青色発光ダイオードを開発。このおかげで、消費電力が少ないダイオードで白色光をつくり出すことができるようになり、照明器具などへの利用が広がった。中村修二は日本出身、アメリカ国籍。

2014年

このころは、毎年のように受賞者が出ていたんだね！
W

2015年

生理学・医学賞

大村 智

寄生虫が引き起こす感染症の治療に用いることができる物質を発見した。

物理学賞

梶田隆章

ニュートリノという素粒子の一種が質量を持つことを示す「ニュートリノ振動」を発見。

2016年

生理学・医学賞

大隅良典

細胞が自分のタンパク質を再利用する「オートファジー（自食作用）」のしくみを解明。

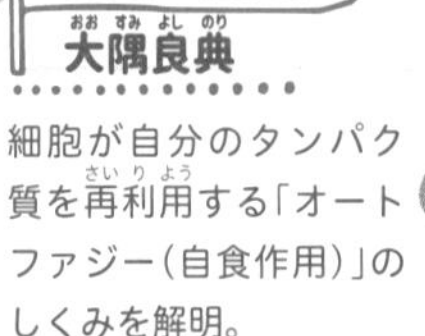

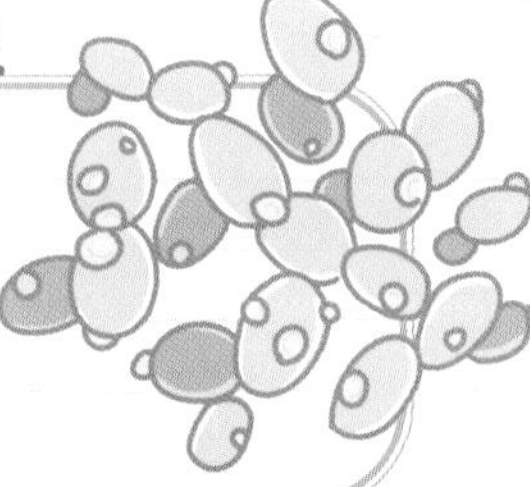

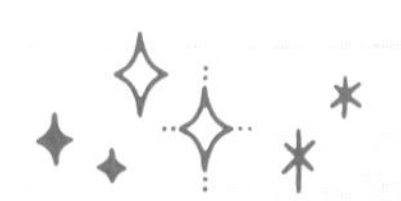

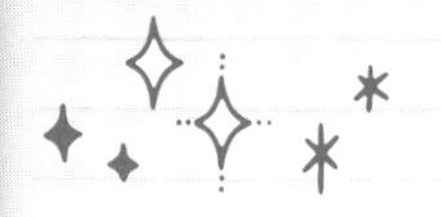

生理学・医学賞

本庶佑

体内で起こる抗原抗体反応のしくみを利用してがんを治療する、がん免疫療法を開発。

文学賞

カズオ・イシグロ

壮大な感情の力を持った小説を通し、世界と私たちの結びつきを表現。作品に『日の名残り』『わたしを離さないで』などがある。日本出身、イギリス国籍。

物理学賞

真鍋淑郎

地球の気候変動を物理学的に解析する手法を開発し、二酸化炭素濃度と地球温暖化の関係を実証した。日本出身、アメリカ国籍。

2018年

2017年

2019年

この先、どんな日本人がノーベル賞をとるか、楽しみだワン！

化学賞

吉野彰

携帯電話やノートパソコンに使用される、充電可能な「リチウムイオン二次電池」を開発。

2020年

2021年

2020年

新型コロナウイルス感染症のパンデミックが起こる

2025年

日本国際博覧会（大阪・関西万博）開催予定

2021年

東京オリンピック・パラリンピック競技大会開催

「レントゲン検査」に名を残す

ヴィルヘルム・コンラッド・レントゲン

1845年→1923年

物質を透過するX線を発見し、第1回ノーベル物理学賞を受賞したレントゲン。20世紀の医学や物理学に大きな影響をあたえました。

ひととなり人生年表

START

0歳
1845年3月27日に、プロイセン(現在のドイツ)で生まれる。

43歳
1888年、ドイツ・ヴュルツブルク大学の物理学の主任教授となる。1894年には学長に。

▼p.72

50歳
1895年、X線を発見。論文を提出する。

▼p.68、73

X線は病院や空港など身近で使われているね。

ホエ～

次のページから、くわしく見てみるぞ

18歳

1863年、級友のいたずらをかばい、工芸学校（現在の工業高等専門学校）を退学になる。

▼ p.71

20歳

1865年、ポリテクニクムに入学。翌年、のちの妻、アンナ・ベルタと出会う。

めっちゃ好み…！

？

キュン

23歳

▼ p.72

1869年、学位を取得。その後、実験物理学の教授アウグスト・クントと出会い、助手になる。

27歳

1872年、アンナ・ベルタと結婚。

69歳

1914年、第1次世界大戦がはじまる。X線は戦争で傷ついた多くの人々の診断に役立つ。

▼ p.74

77歳

1923年、ドイツ・ミュンヘンの自宅で亡くなる。

56歳

1901年、第1回**ノーベル物理学賞**を受賞。

世界初！人の体を透過して骨を見たレントゲン

線
広く「光線」の意味で、目に見える光のことを「可視光線」ともいう。目に見えない「赤外線」や「放射線」も線の一種。

1895年12月22日、ドイツの物理学者ヴィルヘルム・コンラッド・レントゲンは妻のアンナ・ベルタに声をかけます。レントゲンはこの7週間、部屋にこもって実験ばかりしていました。その実験は、木や人間の体を透過してしまう〝謎の線〟について調べるものでした。レントゲンはこの線を、未知の**線**という意味で「X線」と名づけ、X線がどのような性質を持っているのか、たくさんの実験をして調べていたのです。そして、X線の性質を利用すれば、人体を透過する写真が撮れるだろうと考え、ベルタの体で試そうと考えたのです。

ベルタはあまり乗り気ではなかったようですが、撮影に協力します。こうして、世界初、生きた人間の「X線写真」が撮影されました。

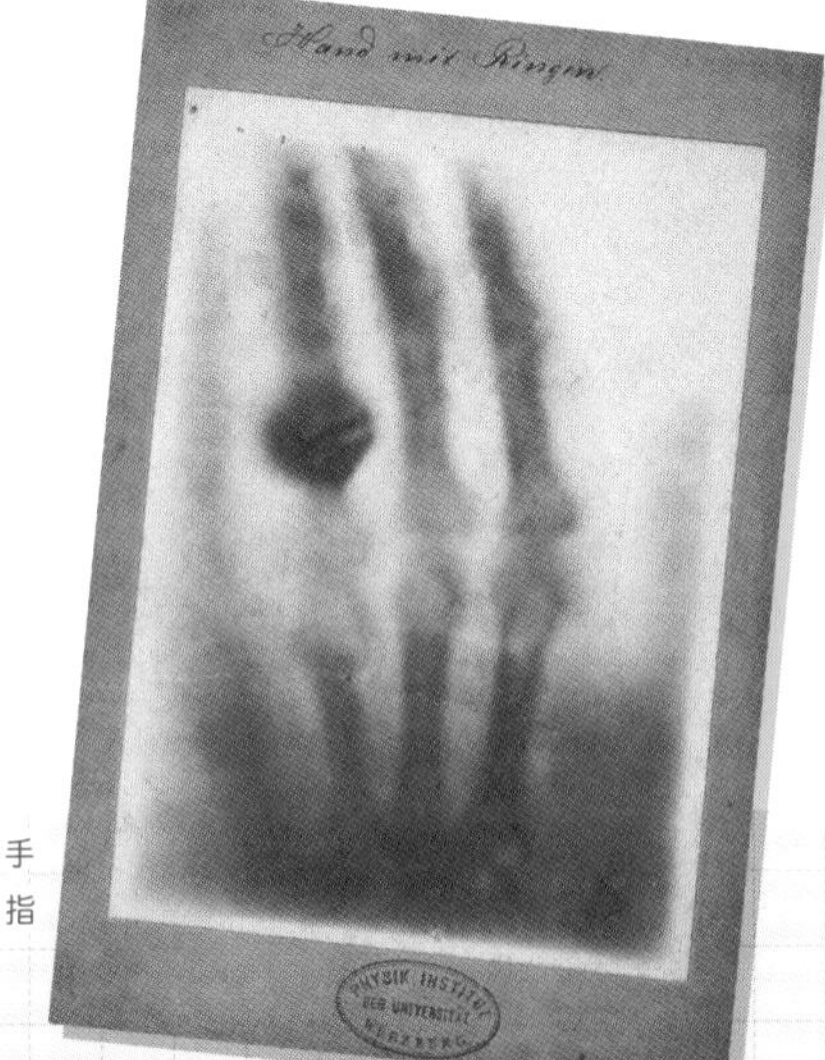

▶レントゲンが撮影したベルタの手のX線写真。ベルタの指の骨と、指輪がくっきりと写っている。

発見者のレントゲンにちなんで
X線写真は「レントゲン写真」
ともいわれるよ。

レントゲンがX線を発見したのは、1895年のことです。このころ、ガラス管の中に金属板を2枚置き、ガラス管の空気をぬいて真空に近い状態にして金属板に電圧をかけると、陰極から陽極に向けて何かの線が出ることがわかっていました。この線は陰極線と名づけられ、多くの研究者が解明に取り組んでいました。

11月8日、陰極線の研究をしていたレントゲンは、陰極線が届かない場所にある蛍光板（陰極線などが当たると光る特殊な板）が、何かに反応して光っているのに気づきました。レントゲンは装置から〝陰極線ではない何か〟が出ていると考え、装置と蛍光板との間にさまざまなものを置き、どんなものが線を通すのかを調べま

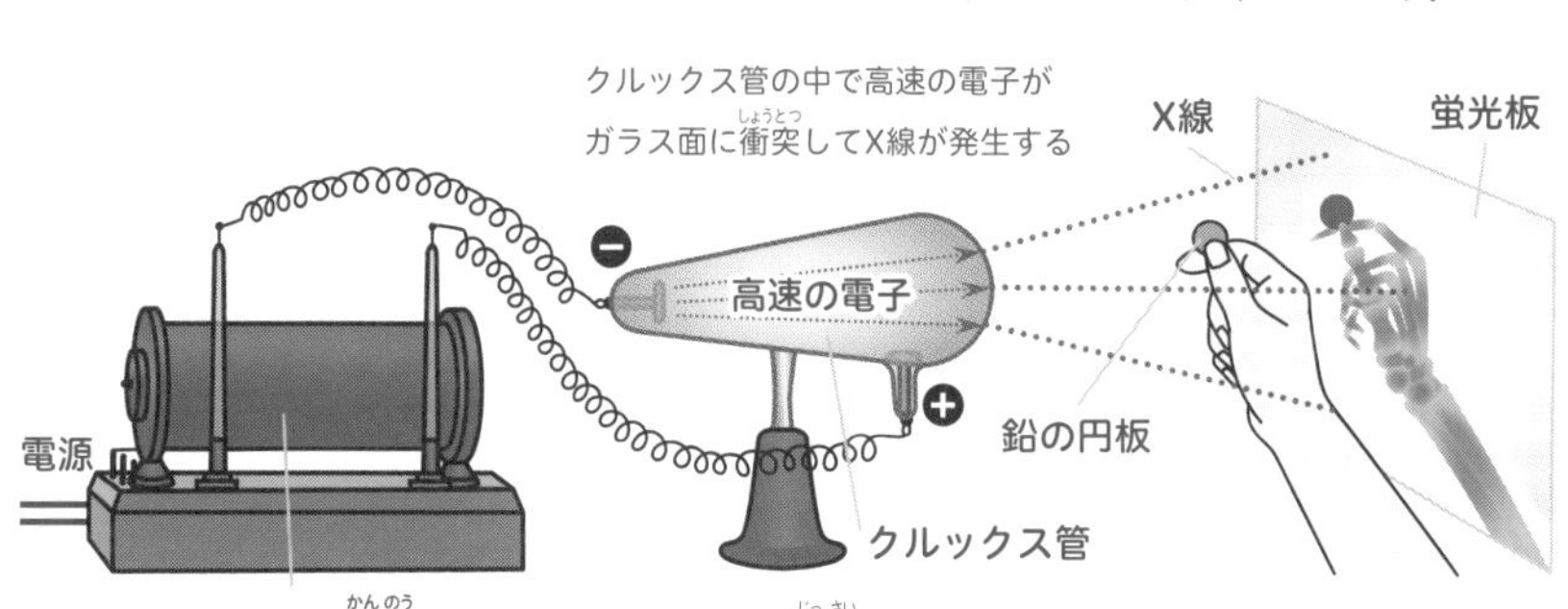

私も、骨折した時に写真を
撮られたことがあるわ。

「レントゲン」って、人の名前だったんだね。装置の名前だとかんちがいしてたよ。

した。紙や木、本、ガラス、アルミニウムなどを置いた時には蛍光板は光り、これらはこの線を通すことがわかりました。一方、鉛を置くと蛍光板は光らず、線を通さないことがわかりました。

それから、鉛の円板を持って装置と蛍光板の間にかざした時のことです。蛍光板に写った円板を持つ手の影の中に、指の骨が見えたのでした。

たび重なる不運に負けずに進学

レントゲンは1845年3月27日に、プロイセン（現在のドイツ）のレンネップという小さな町に生まれました。レントゲンが3歳の時、一家はオランダのアッペルドルンという町へ引っ越しました。

17歳の時、レントゲンは、オランダ・ユトレヒトの工芸学校に入学しました。数学や化学の成績は抜群でしたが、物理の成績はよくありませんでした。

今では11月8日は「レントゲンの日」とされているんだワン。

ポリテクニクム
現在のスイス連邦工科大学チューリッヒ校。

2年生の冬のことです。クラスメイトの一人が、ある先生の似顔絵を描き、みんなで笑っていたところ、その先生が教室に入ってきてしまいました。先生はおこって、「犯人の名前を言わないと退学にするぞ」と、一緒にその場にいたレントゲンにつめよります。レントゲンは級友をかばって名前を言いませんでした。すると先生は、本当にレントゲンを退学処分にしてしまったのです。

オランダでの大学進学ができなくなってしまったレントゲンですが、スイスのチューリッヒにある**ポリテクニクム**なら、大学入学資格がなくても試験に合格すれば入学できることを知りました。

ところが不運なことに、試験の直前に目の病気になり、医者から外出を禁じられてしまいます。進学をあきらめられなかったレントゲンは、進学への熱意を手紙に書き、医師の診断書を添えてポリテクニクムの校長に送りました。レントゲンの手紙を読んだ校長は、特別に入学を許可することにしたのです。レントゲンが20歳の時のことでした。

ベルタは、自分の写真が
世界初のX線写真になるなんて、
この時は思ってもいなかったよね！

クントの助手として実験物理学の道を歩む

レントゲンはポリテクニクムで機械技術を学び、優秀な成績を収めました。また、このころ、学生たちが集まる居酒屋の娘で店を手伝っていたベルタと知り合いになり、やがて2人は結婚するに至ります。

レントゲンは卒業後もポリテクニクムに残り、研究を続けていました。そんな時に赴任してきたのが実験物理学の教授、**アウグスト・クント**です。

レントゲンはクントのもとで研究に打ちこみました。多くの論文を書き、実験物理学者としての名をあげたレントゲンは、1888年には、ヴュルツブルク大学から物理学主任教授として招かれました。ここでX線を発見したのです。

アウグスト・クント 1839-1894

ドイツの物理学者。音の波長を目で見て測定できる装置「クント管」を発明するなど、物理学の発展に貢献した。

X線発見の反響と第一次世界大戦

レントゲンが1895年12月28日に提出したX線に関する論文は、あまりに重要な発見であるとして、すぐに印刷され、広く人々の手にわたりました。年が明けた1月5日、オーストリアのウィーンの新聞が、レントゲンの論文を世紀の大発見として報じました。この記事はすぐにイギリスへ打電され、数日のうちにヨーロッパ、アメリカ、南米、オーストラリアにまで電信で伝えられました。こうしてテレビもラジオもなかった時代に、またたく間に世界中にX線の発見が伝えられたのです。

X線の発見に大きな衝撃を受け、多くの物理学者が研究に乗り出しました。1896年には**アンリ・ベクレル**が自然放射線を発見し、**キュリー**夫妻の研究へと発展しました。医学界の期待も大きく、紛争で負傷した兵士の骨折や体内に残った弾丸の発見などに使われるようになりました。

X線発見の功績により、レントゲンは1901年の、第1回のノーベル

アンリ・ベクレル 1852-1908
フランスの物理学者。放射線を発見した功績で1903年にキュリー夫妻と共にノーベル物理学賞を受賞した(p.90)。

レントゲンは、研究一筋に生きたんだワン。

マリー・キュリー 1867-1934

現在のポーランド出身の化学者・物理学者。放射線の研究をした功績で、1903年にノーベル物理学賞を、1911年にはノーベル化学賞を受賞した(p.82)。

物理学賞を受賞しただけでなく、さまざまな国や学会から勲章やメダルなどを贈られました。ところが1914年、**第1次世界大戦**が勃発します。ドイツの敵国となった国々の学会は、レントゲンに贈った名誉会員の地位などを取り消してしまいました。

第1次世界大戦は1918年11月にドイツの降伏によって終わり、翌年10月には持病が悪化したベルタがレントゲンの腕の中で息を引き取りました。レントゲンは、1920年の春にはほとんどの公職から退き、ミュンヘン大学の名誉教授として研究と講義を続けながら、静かに余生を過ごし、1923年に亡くなりました。

晩年のレントゲンは、経済的には恵まれませんでした。しかし、「レントゲン検査」に名を残すように、近代物理学への道を開いたX線発見の功績は、決して色あせることはないのです。

第1次世界大戦

1914年7月28日から1918年11月11日まで続いた大戦。ロシア帝国を中心とした連合国とドイツ帝国を中心とした同盟国の間で、1000万人以上の兵士が亡くなった。

郵便はがき

料金受取人払郵便

小石川局承認

1108

差出有効期間
2024年7月31日まで
（切手不要）

112-8731

東京都文京区音羽二丁目十二番二十一号

講談社
児童図書編集　行

愛読者カード	今後の出版企画の参考にいたしたく存じます。ご記入の上ご投函くださいますようお願いいたします。

お名前

ご購入された書店名

電話番号

メールアドレス

お答えを小社の広告等に用いさせていただいてよろしいでしょうか？
いずれかに○をつけてください。　〈YES　NO　匿名ならYES〉

TY 000049-2205

この本の書名を
お書きください。

あなたの年齢　　歳（小学校　年生　中学校　年生 / 高校　年生　大学　年生）

●この本をお買いになったのは、どなたですか？

1. 本人　2. 父母　3. 祖父母　4. その他（　　　　　　　　）

●この本をどこで購入されましたか？

1. 書店　2. amazon などのネット書店

●この本をお求めになったきっかけは？（いくつでも結構です）

1. 書店で実物を見て　2. 友人・知人からすすめられて
3. 図書館や学校で借りて気に入って　4. 新聞・雑誌・テレビの紹介
5. SNS での紹介記事を見て　6. ウェブサイトでの告知を見て
7. カバーのイラストや絵が好きだから　8. 作者やシリーズのファンだから
9. 著名人がすすめたから　10. その他（　　　　　　　　）

●電子書籍を購入・利用することはありますか？

1. ひんぱんに購入する　2. 数回購入したことがある
3. ほとんど購入しない　4. ネットでの読み放題で電子書籍を読んだことがある

●最近おもしろかった本・まんが・ゲーム・映画・ドラマがあれば、教えてください。

★この本の感想や作者へのメッセージなどをお願いいたします。

ノーベル物理学賞を受賞

「X線」を深ぼりしよう！

レントゲンが発見したX線とは
どのようなものか、解説するぞ。

考えてみよう！

X線を通さないものは、どれだったかな。

レントゲンは陰極線の研究で、何がX線を通すのかをさまざまなもので試したんじゃ。

1 ガラス

2 本

3 鉛

蛍光板が
光らなかったものだね。

p.69を
読み返すといいワン。

鉛

レントゲンは、X線がどのようなものを通りぬけるのかを調べたんじゃ。その結果、密度が高いものは通りぬけにくい傾向があることに気がついたぞ。レントゲンの論文には、鉛は1.5㎜の薄さでもX線を通さなかったと書かれているのじゃ。

X線は「電磁波」の一種

X線は、電磁波の一種です。目には見えませんが、私たちのくらす地球をふくむ宇宙空間には、さまざまな電磁波という「波」が飛びかっています。自然界で発生する電磁波だけでなく、テレビやラジオでの通信に使う電波や、電子レンジで使われているマイクロ波も電磁波の一種なのです。

電磁波が波のように伝わる時の、波一つ分の長さを、波長といいます。電磁波は波長によってさまざまな種類に分けられます。例えば太陽の光には、目に見える「可視光線」という電磁波がふくまれています。虹の7色は、赤、橙、黄、緑、青、藍、紫と表現されますが、この順番に波長が短

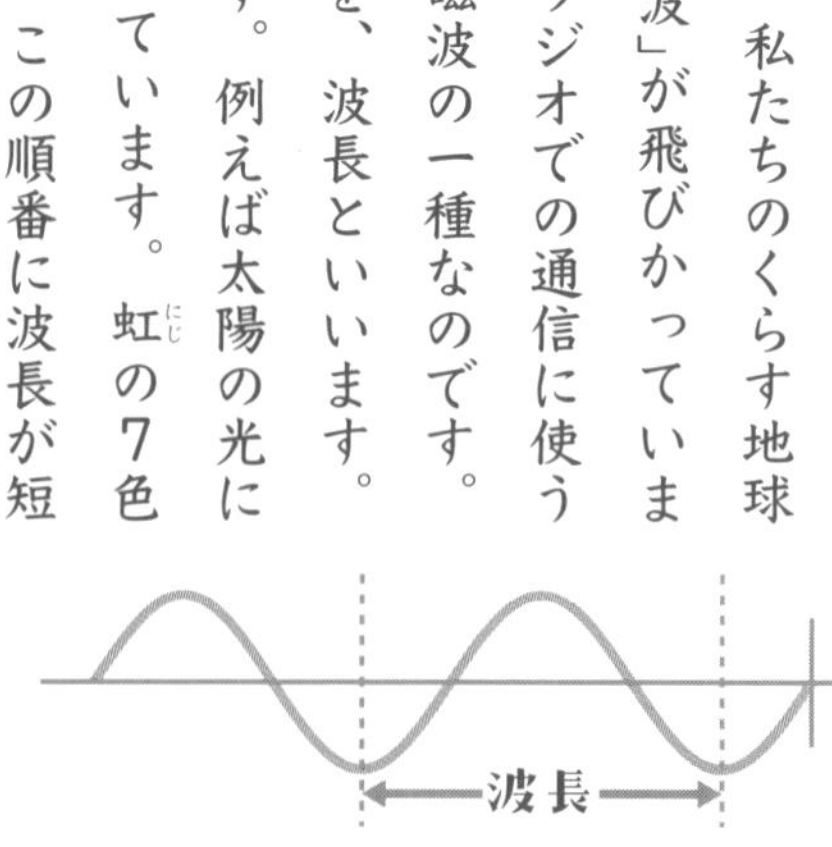

波の谷から谷（山から山）までの距離

くなります。赤い光より少し波長が長いのが赤外線、紫の光より少し波長が短いのが紫外線で、目に見えません。X線は紫外線よりもさらに波長が短い電磁波です。

電磁波の種類と波長の長さ

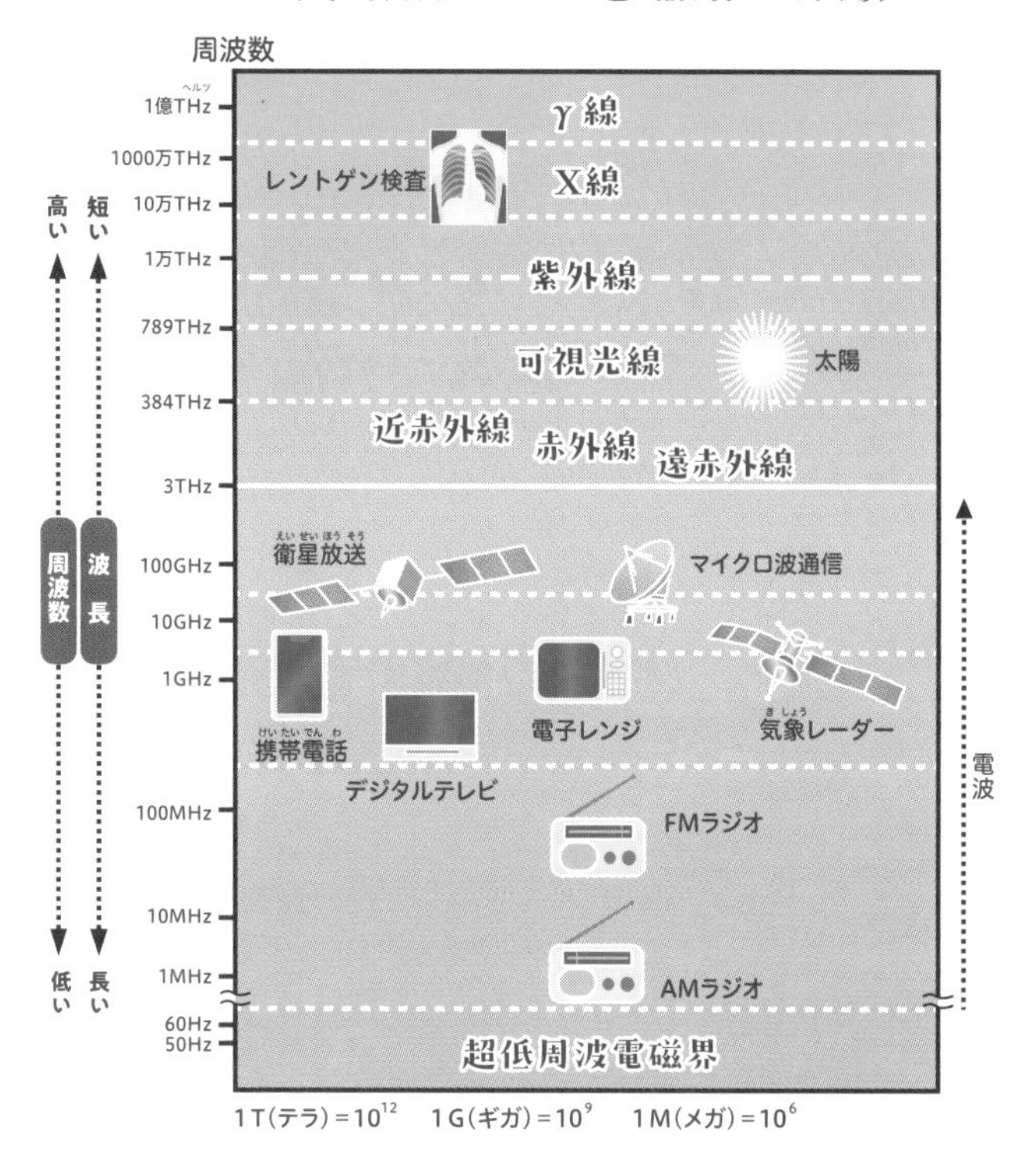

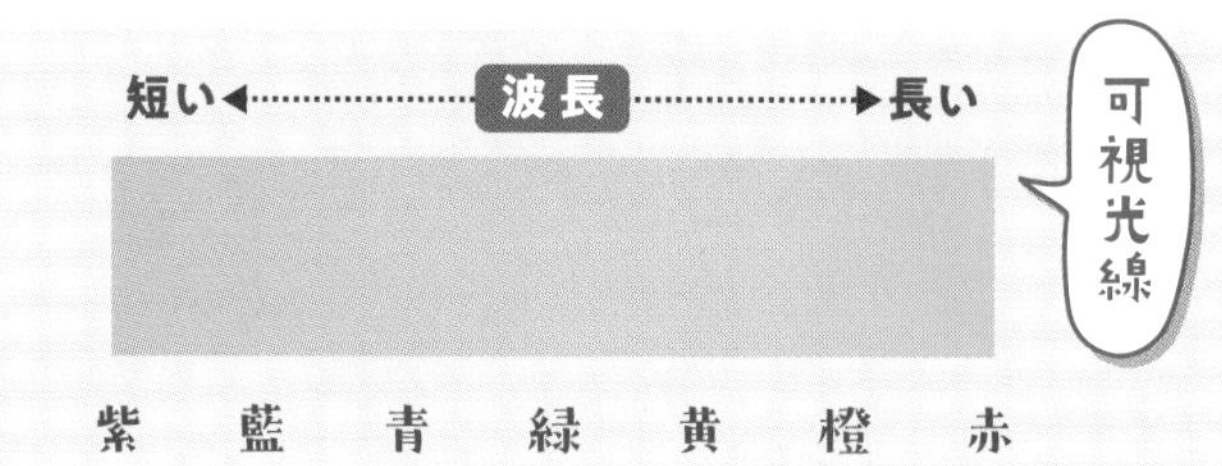

ちょっと難しい説明をすると、電磁波は電界（電気の力が働く空間）と、磁界（磁力が働く空間）が作用しあって、空間を「波」として伝わっていくものなんだワン。

電磁波のなかに物質を透過する「放射線」がある

電磁波のなかには、物質を透過する性質を持つものがあります。それがα線やβ線、γ線、X線などで「放射線」とよばれます。ものを透過する能力は放射線の種類によってちがい、どのくらい透過するかはおもに物質の密度によります。X線装置は、この性質を利用して骨や内臓のようすを白黒の画像にしています。密度が高くX線を通しにくい骨は白っぽく写り、空気が詰まっていて密度が低く、X線を通しやすい部分(肺など)は黒っぽく写るのです。

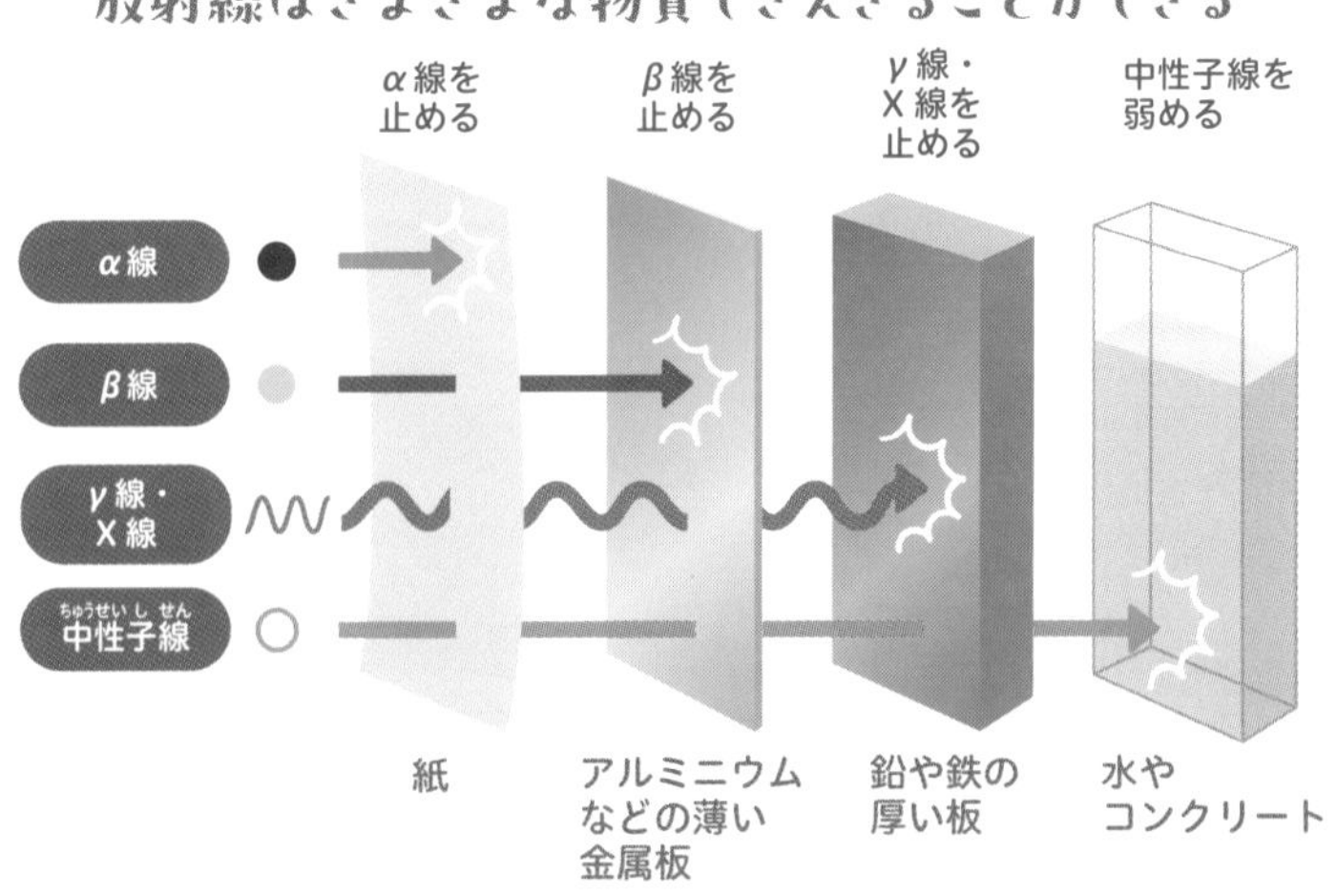

X線の実験で亡くなった人もいる

X線は波長が短く、強いエネルギーを持っている放射線の一種なので、人体には有害です。しかしレントゲンがX線を発見した当初は、放射線の危険性はよくわかっていませんでした。物理学の研究や医学への応用のために多くの実験が行われ、1896年5月には発明王といわれたアメリカの**トーマス・エジソン**が世界初の公開X線実験を行いました。

こうしたなか、X線を体にあびたことで毛がぬけたり、皮膚炎やがんなどになったりする人も現れました。このようなぎせいのもと、安全にX線をあつかう技術が確立されていきました。

ちなみにレントゲンは、亜鉛の箱に入って実験をしていたので、X線による害を受けなかったといわれています。

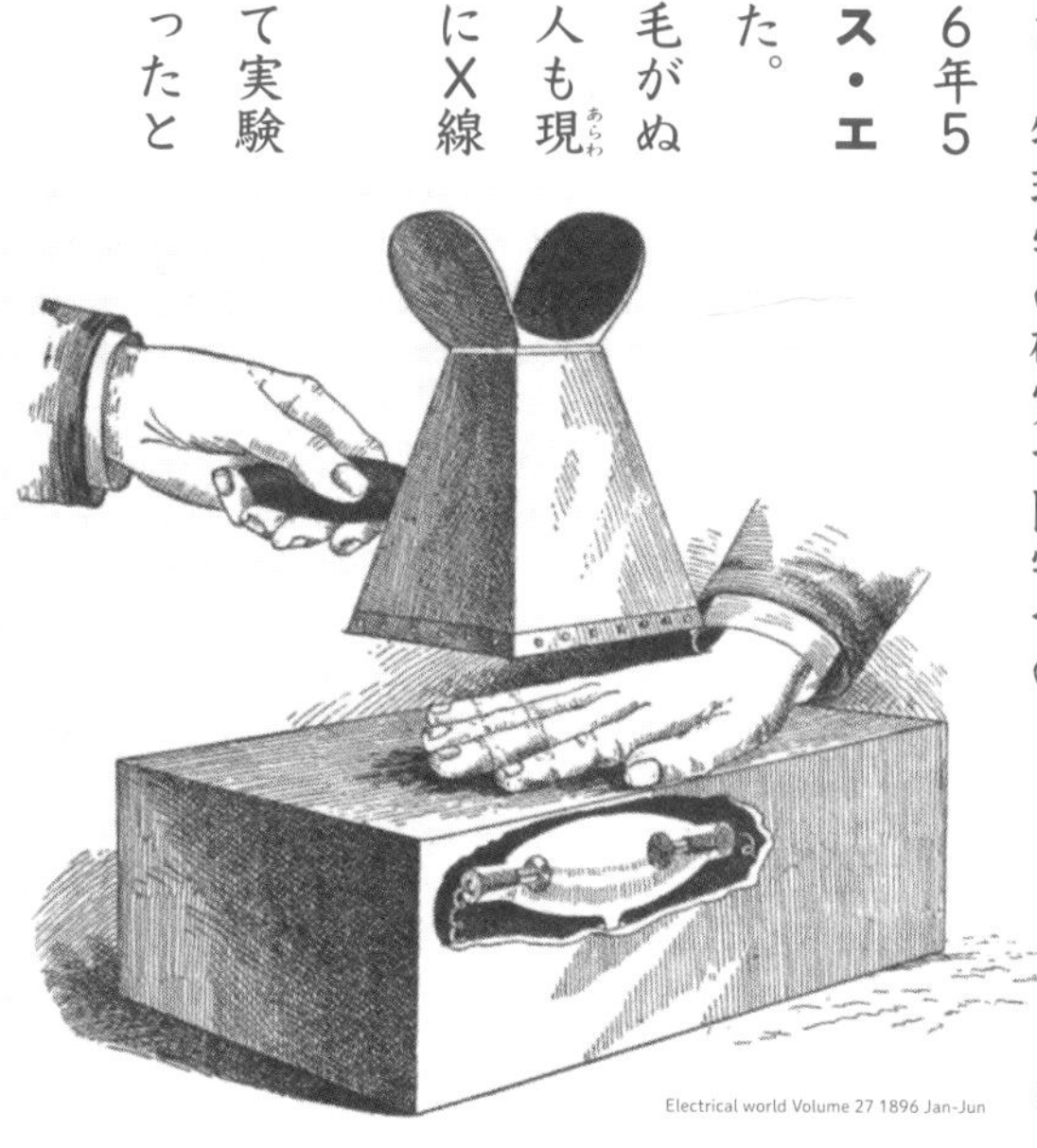

Electrical world Volume 27 1896 Jan-Jun

◀エジソンが考案したX線装置と透視用暗箱。

トーマス・エジソン 1847-1931

アメリカの発明家。世界初の録音・再生装置である蓄音機や白熱電球など、多数の発明を残す。電球を売るために電灯会社を設立し、家庭に電力を届けるシステムもつくり出した。

私たちに身近なX線

X線検査による人の胸部の写真

CTもX線を利用した装置

空港の手荷物検査のようす

X線装置が変えた世界

X線は放射線の一種で、取りあつかいには注意が必要です。例えば病院のX線検査は専門の資格を持った診療放射線技師が行います。装置もたくさんの改良が重ねられ、検査に必要な最低限の量のX線が用いられ、歯医者さん、空港での手荷物検査などにもX線装置が導入されるようになりました。

X線の発見は、その後の科学の大発見にも大きく関係しています。なかでもX線を利用して、タンパク質などのとても小さな結晶の構造を知ることができるようになりました。ジェームズ・ワトソンとフランシス・クリック（p.156）がDNAの構造を明らかにするきっかけとなった写真も、X線を使って撮影されたものでした。

空港の手荷物検査でノートパソコンを別にするのは、パソコン内の部品がX線検査のじゃまになるかららしいワン。

人物まとめ

名誉や富にはとらわれなかった

X線を発見したことで、レントゲンにはたくさんの賞が贈られたよ。でもレントゲンは、ノーベル物理学賞以外の授賞式などには出席せず、ノーベル物理学賞の受賞講演もしなかったんだ。たくさんの講演の依頼もあったけど、ドイツ皇帝に命じられたものとヴュルツブルク大学で行ったもの以外は断り、貴族の称号も辞退したんだよ。

また、ノーベル賞の賞金はヴュルツブルク大学に寄贈したんだって。X線についての特許もとらなかったんだ。「私はX線を発明したわけではない。自分の研究を独占しようとは思いません」と言ったそうだよ。

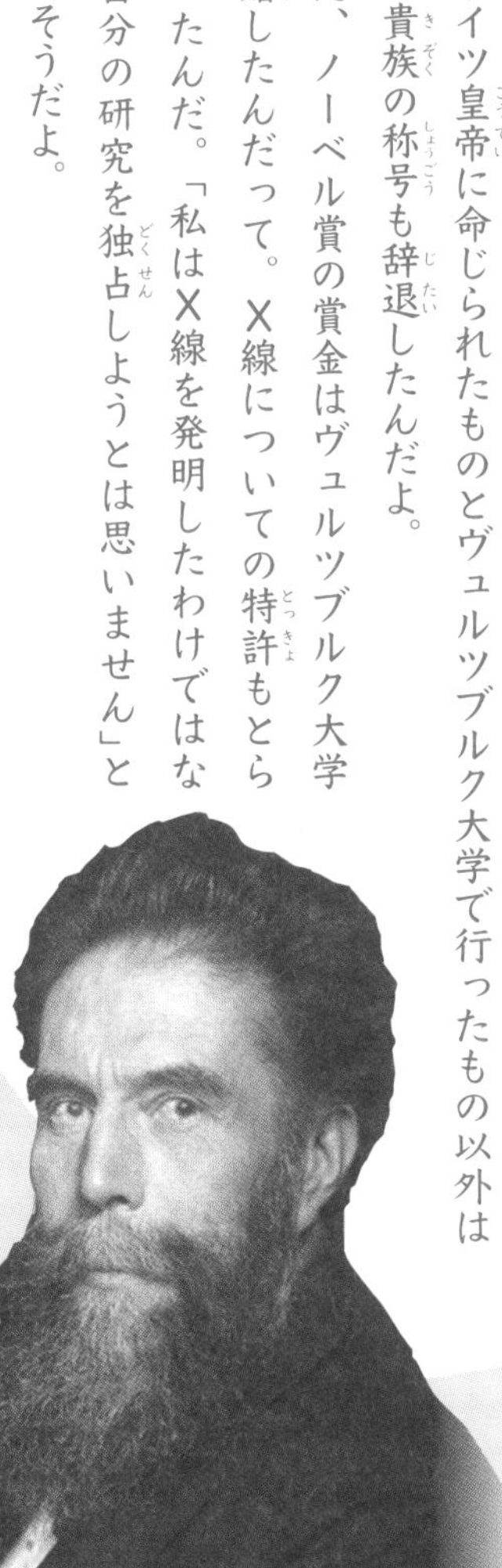

Wilhelm Conrad Röntgen

ノーベル賞を2回受賞した女性科学者

マリー・キュリー

女性が勉強する機会が少なかった時代に、熱心に勉強に取り組んだマリー・キュリー。科学の進歩による人類への貢献という目標に、人生を捧げました。

1867年

1934年

ひととなり人生年表

START

0歳
1867年11月7日、ポーランドのワルシャワで生まれる。

36歳
1903年、夫婦で**ノーベル物理学賞**を受賞。

▼p.92

38歳
1906年、夫のピエールが事故で亡くなる。

▼p.92

44歳
1911年、**ノーベル化学賞**を受賞。

女性初のノーベル賞受賞者として、とても有名だよね。

ホエ〜

次のページから、くわしく見てみるぞ

15歳

父の失業、母の死などで苦労をしながらも、1883年にギムナジウム（中学・高等学校）を首席で卒業。

p.87

23歳

1891年、フランスにあるソルボンヌ大学理学部に入学。

p.88

26歳

1894年、フランス人物理学者のピエール・キュリーと出会い、翌年結婚。

p.89

30歳

1898年、新元素ポロニウムを発見する。また、ラジウム元素の存在を予告。

p.91

46歳

1914年、パリにラジウム研究所キュリー棟をつくる。移動式X線撮影車を開発し、戦場近くで医療活動を行う。

66歳

1934年、フランスの療養所で亡くなる。

第1次世界大戦
1914年7月から1918年11月まで続いた大戦。ロシア帝国(ていこく)を中心とした連合国とドイツ帝国を中心とした同盟国(どうめいこく)の間で、1000万人以上の兵士(へいし)が亡くなった。

「プチット・キュリー」で戦場へ

1914年から始まった**第1次世界大戦**。ドイツ軍がフランスのパリをめざして街中を進んでくるようすに心を痛(いた)め、戦場で世界初の移動式X線撮影車を走らせたのが、女性科学者のマリー・キュリーです。

X線はドイツの物理学者、ヴィルヘルム・レントゲンによって発見された電磁(でんじ)波(は)の一種です(p.76)。戦場では、多くのフランス人兵士(へいし)が銃弾(じゅうだん)や砲弾(ほうだん)で負傷(ふしょう)していました。

体内に残った銃弾などの破片や異物を取りのぞくための手術(しゅじゅつ)では、X線装置(そうち)を使って異物の位置を正確(せいかく)に知る必要があります。でも、戦場につくられた野戦病

▲X線撮影車を運転するマリー。

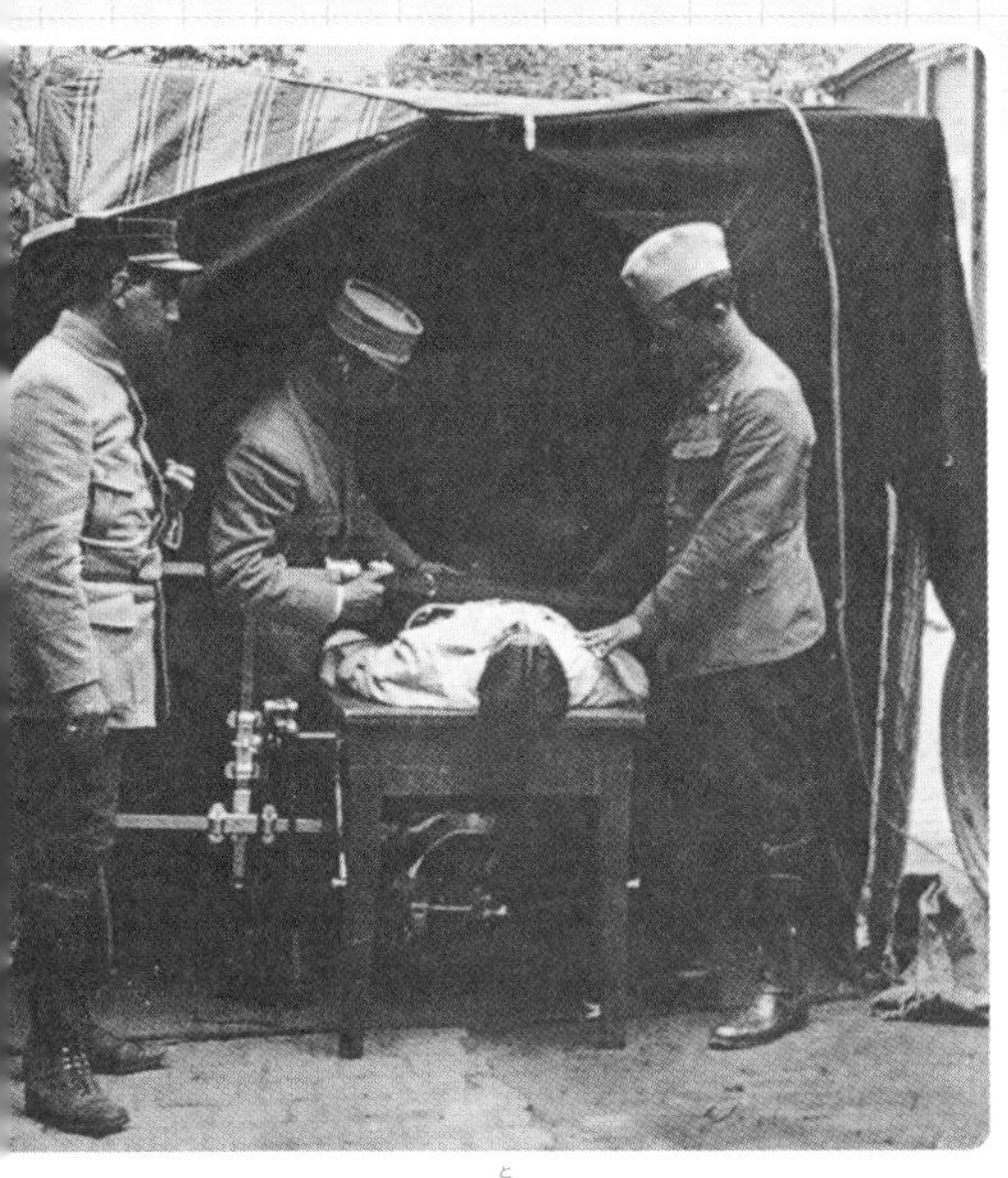

写真：Science Photo Library/アフロ

▲野戦病院でX線写真を撮っているようす。

院にはX線装置がありません。そこでマリーは、移動式のX線撮影車を思いついたのです。

この撮影車は、マリーの名をとって「プチット（小さい）・キュリー」とよばれました。マリーは多くの人に装置やお金の寄付をお願いしただけでなく、自らX線撮影車を運転して、あちこちの病院をかけめぐりました。この戦争中につくられたX線撮影車は20台、撮影されたX線写真は100万枚を超えました。マリーの活動は、多くの命を助けたのです。1918年、4年間も続いた長い戦いは、フランスをふくむ連合国の勝利で幕を閉じました。戦争の終結は、マリーにもう一つの喜びもあたえました。それは、子どもの時から願い続けた、祖国ポーランドの独立です。

マリーの長女のイレーヌも「プチット・キュリー」での活動を手伝ったよ。

姉妹で協力して、大学に進学するお金をかせぐ

マリー・キュリーは、1867年にポーランドの首都ワルシャワで生まれました。当時のポーランドはロシアに占領されていて、母国語であるポーランド語の使用が禁止されたり、反乱を起こした人が命をうばわれたりすることもありました。

マリーは厳しくもやさしい両親と4人の兄弟(一番上の姉ゾフィア、兄のユゼフ、2番目の姉ブロニスワヴァ、3番目の姉ヘレナ)に囲まれ、愛情いっぱいに育てられました。小さいころから物覚えがよく、姉

▲現在のポーランドと日本の位置関係。

ギムナジウム
日本でいう、中高一貫校のような学校。

のブロニスワヴァの勉強につきあっているうちに、姉より先にアルファベットを覚えてしまうほどでした。

父親は**ギムナジウム**の先生をしていましたが、ロシア人の学長と考え方が合わず、マリーが6歳の時に学校を辞めさせられてしまいました。貧しくつらい生活を送っていたマリー一家を、さらなる悲しいできごとがおそいます。マリーが8歳の時、姉のゾフィアが腸チフスで亡くなりました。

▲家族との写真。左からマリー、父親、ブロニスワヴァ、ヘレナ。

その2年後、今度は母が肺結核で亡くなったのです。悲しみにくれながらも、マリーはギムナジウムに入学。そこはロシアの支配下の学校でしたが、勉強が大好きだったマリーは熱心に学び、15歳で首席で卒業しました。

腸チフスも結核も、人から人にうつる病気よね。

腸チフスも結核も、細菌が原因で起こる病気だよ。でも、当時はまだ、原因がわかっていなかったんだワン。

姉のブロニスワヴァも勉強が大好きで、夢(ゆめ)は医者になることでした。当時のポーランドでは、女性が大学に入ることはできなかったため、フランスの大学に留学(りゅうがく)して、医学を学ぼうと考えていました。その思いを知ったマリーは、姉と協力して学費(がくひ)をかせぎ、進学することを考えます。まず、マリーが住(す)み込(こ)みで家庭教師(かていきょうし)をして、かせいだお金をブロニスワヴァに仕送りしました。ブロニスワヴァはそのお金で5年間、医学を学びました。そしてブロニスワヴァの生活が安定すると、今度はマリーをフランスによびよせたのです。

ピエール・キュリーと出会い、結婚。研究と子育てに大忙(おおいそが)し

1891年秋、23歳のマリーは念願のフランスにわたりました。マリーが入学したのは、パリのソルボンヌ大学の理学部です。この大学で物理学

大学に入った時、
名前をフランス流に、
「マリア」から「マリー」へ変えたよ。

学士号
大学の学部できちんと勉強をして、卒業できた人にあたえられる学位。もっと学びたい人は大学院に進学して修士号、さらに博士号を取ることができる。

を専門に学んだ女性は、マリーが初めてでした。マリーは一生懸命に勉強して、最も優秀な成績で物理学の**学士号**試験に合格。成績優秀者に贈られた奨学金で留学期間をのばし、なんと数学の学士号も取ってしまいました。

ポーランドへの帰国を考えていたころ、鋼鉄の性質について調べる仕事の依頼がありました。マリーは大好きな実験ができるうえに経済的にも助かるので、喜んで引き受けました。ただ一つ困ったのは、実験を行う場所がなかったことです。この時、実験場所を探してくれたのが、のちに夫となるピエール・キュリーでした。研究熱心で、科学を真剣に追究する2人は次第にひかれ合うようになり、出会って1年で結婚しました。

キュリー夫妻には、イレーヌとエーヴという、2人の娘が生まれます。育児は大変でした

▲キュリー夫妻と長女のイレーヌ。

鉄に、0.02～2%程度の炭素がまざっているものを鋼鉄というワン。

が、マリーは子育てをしながら研究も続ける忙しい日々を送りました。

放射能に関連した発見で、ノーベル賞を2つも受賞

結婚後、マリーとピエールは、同じ物理学者で友人でもある、**アンリ・ベクレル**の研究に興味をひかれます。当時ベクレルは、ウランをふくんだ物質が、X線と同じように「物質を透過する光線(放射線)」を出していることを発見しました。

ウランのほかにも、同じように放射線を出す物質があるのではないか？　それがマリーとピエールが挑んだ謎でした。

夫妻はさまざまな物質を調べ、トリウムをふくんだ物質からも、同じような光線が出ていることを発見しました。マリーは元素(物質)が放射線を出す能力を「放射能」と名づけます。放射能を持つ元素を「放射性元素」といい、これらの名称は現在も使われています。(⇩93ページから深ぼり！)

放射性元素の取り出し方

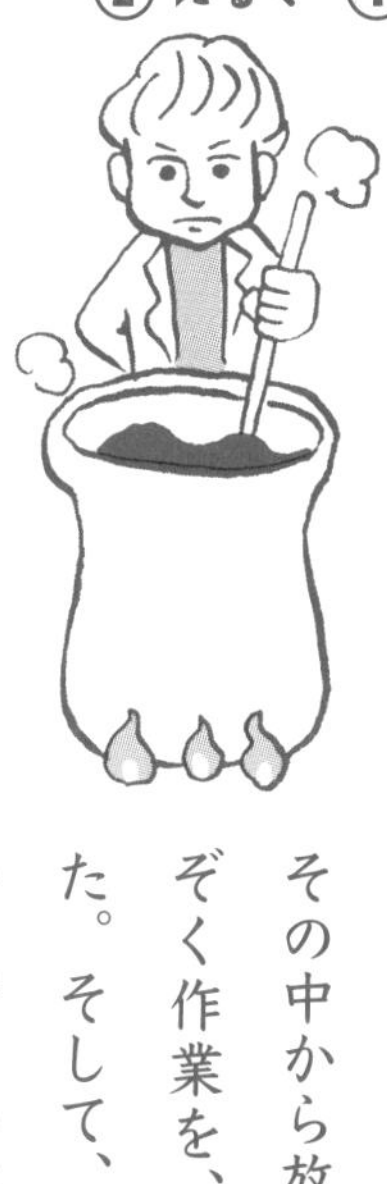

実験を進めると、さらに強い放射能を持つ、ピッチブレンドという鉱物を発見しました。ここに未知の元素がふくまれているはずだ、と考えた2人は、ピッチブレンドをすりつぶしてどろどろの液体状にして、その中から放射線を出さない物質を取りのぞく作業を、何度も何度もくり返しました。そして、1898年に「ポロニウム」という新しい元素を発見したのです。

ところが、ポロニウムを取り出しても、まだピッチブレンドには放射能が残っています。しかも、ポロニウムよりも高い数値です。そこで夫妻は、もう一つ新しい元素があると予告し、「ラジウム」と名づけまし

◀ピッチブレンドはウランを多くふくむ鉱物。ふくまれているウラン元素が壊れることで、ラジウム元素ができる。

0.1gは1/10gだよ。
1円玉が約1gだから、
ほんのちょっとだね。

た。実際にラジウムを取り出せたのは、それから4年後のこと。数トンものピッチブレンドから取り出したわずか0.1gのラジウム塩は、暗闇で幻想的な青い光を発していました。マリーはこの研究論文によって博士号を取得し、キュリー夫妻は1903年、ベクレルと共に放射能の研究でノーベル物理学賞を受賞します。

ところがその3年後、ピエールが荷馬車にひかれ、亡くなってしまいます。悲しみにくれるマリーでしたが、ピエールの仕事を引き継ぎ、ピエールの死から2週間後には、フランス初の女性大学教員としてソルボンヌ大学で働き始めます。1911年には、ポロニウムとラジウムの発見に対してノーベル化学賞が贈られました。

キュリー夫妻は、X線装置が人の役に立ったように、強い放射能を持つポロニウムとラジウムも、病気の治療に役立つと信じていました。現在では、放射線治療といった医学の分野で、キュリー夫妻の研究は大きく貢献しています。

「ポロニウム」という元素名は、
「ポーランド」にちなんだ名前だワン。

ノーベル物理学賞・化学賞を受賞

「放射能」と「放射性元素」を深ぼりしよう！

放射能と放射性元素は
どのようなものか、解説するぞ。

考えてみよう！

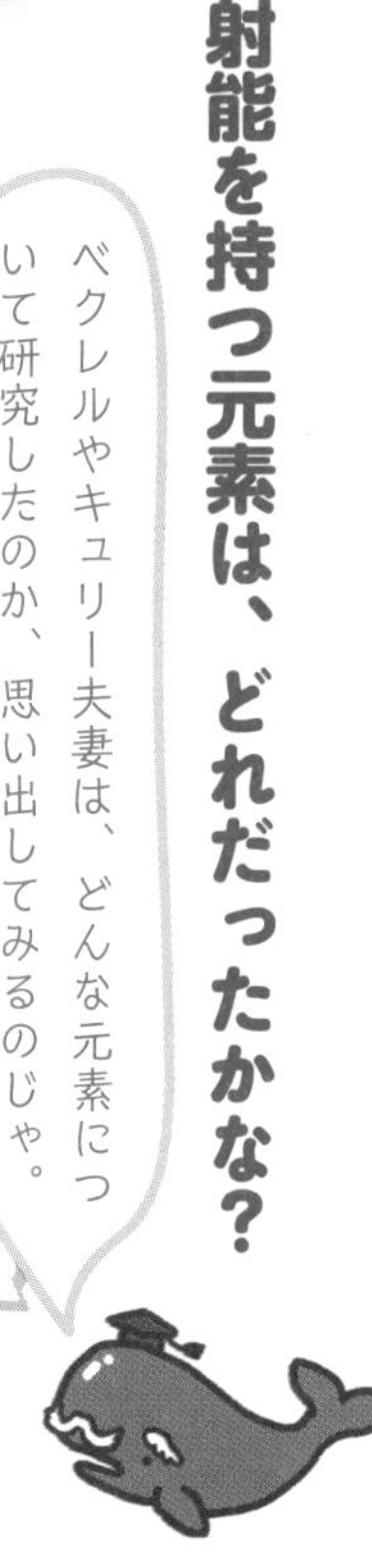

放射能を持つ元素は、どれだったかな？

ベクレルやキュリー夫妻は、どんな元素について研究したのか、思い出してみるのじゃ。

1

ピッチブレンドから発見された

ポロニウムとラジウム

2

鋼鉄の材料になる

鉄と炭素

3

ベクレルが研究した

ウラン

こたえは一つとは限らないよ。

p.90から読み返すといいワン。

こたえは……

1 ポロニウムとラジウム

3 ウラン

放射線を発する能力（放射能）を持つのが放射性元素じゃ。放射性元素には、ウラン、トリウム、ポロニウム、ラジウムがあったぞ。

似ているけれど、意味がちがうよ！「放射線」と「放射能」「放射性元素」

私たちの目には見えませんが、地球上には、目に見える光と同じような、たくさんの種類の「**線**」が飛びかっています。レントゲンやベクレル、マリーの時代には、目に見える光や、紫外線、赤外線などの光線は知られていて、レントゲンが発見した「線」は、「物質を透過する、光のような、未知の線」という意味で、「X線」と名づけられました。

ベクレルは、自然界に存在する金属である「ウラン」をふくんだウラン化合物からも、X線と同じような線が出ていることに気がつきました。この線は、物質から出ている（放射されている）線なので、「放射線」とよばれます。

線
目に見える光は「可視光線」という線の一種。目には見えない紫外線や赤外線などの線もある。

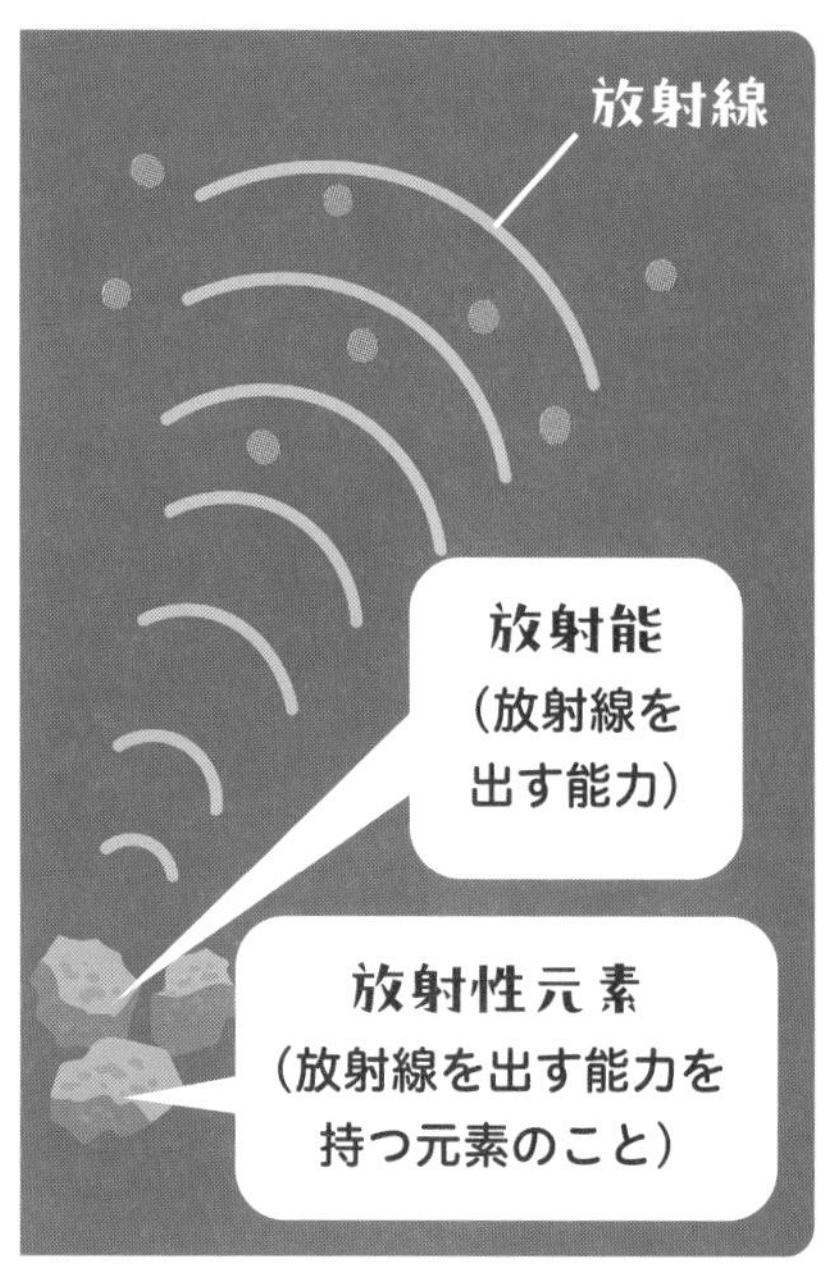

物質のもとになる元素は、どんな種類のものでも放射線を出すわけではなく、放射線を出す能力があるものと、ないものがあります。そこでマリーは、放射線を出す能力を「放射能」と名づけました。放射能を持つ元素を「放射性元素」といい、ピッチブレンドのように、放射性元素をふくむ物質も放射能を持つので、そのような物質は「放射性物質」とよばれます。放射線の強さは、元素や物質によってちがいます。ラジウムは、ウランよりも強い放射線を出します。

放射線が出る原因は？

ウランやラジウムからは、なぜ放射線が出るのでしょうか。物質をつくる原子は、原子核とその周りを回る電子から構成されています。原子核と電子はそれぞれプラスとマイナスの電気を帯び、つり合って安定しています。しかし、原子核は不安定で、なかには壊れてしまうものもあります。そして不安定な原子核は、安定した状態になろうとしてエネルギーを放出します。これが放射線の正体です。原子核には、放射線を放出して別の原子核に変わるものがあります。例えば、ウランも不安定で壊れやすい性質で、放射線を出すと、トリウムに変化します。

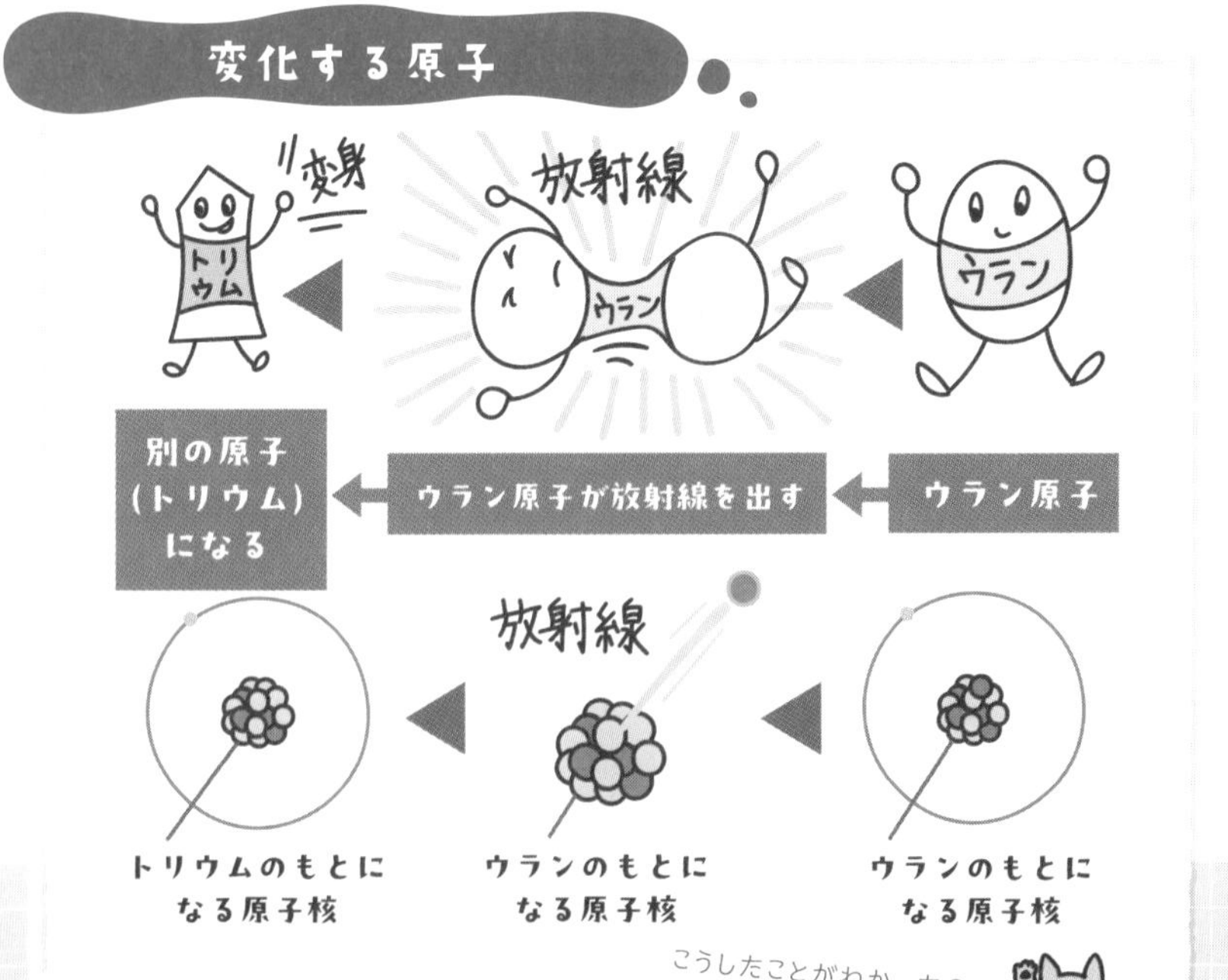

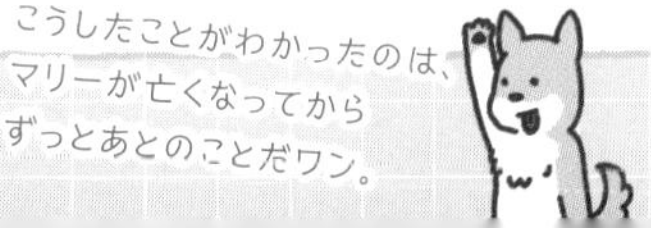

変化する原子

少しずつ明らかになった放射線の危険性

マリーは66歳でその生涯を終えます。また、放射能の研究をしていたベクレルは、55歳の若さで亡くなりました。2人共研究で長い間放射線をあびていたために、健康が害され、死期を早めたといわれています。

X線は体の骨を通りぬけることができませんが、筋肉は通りぬけます。同じように、ほかの放射線にも体を通りぬける性質を持つものがあります。しかしこの時、放射線は非常に高いエネルギーを持つため、体の細胞や、細胞の中にある生命の設計図となるDNAを傷つけてしまうのです。傷ができた細胞は、「がん細胞」になる可能性があります。また、DNAが傷つくと、体に必要

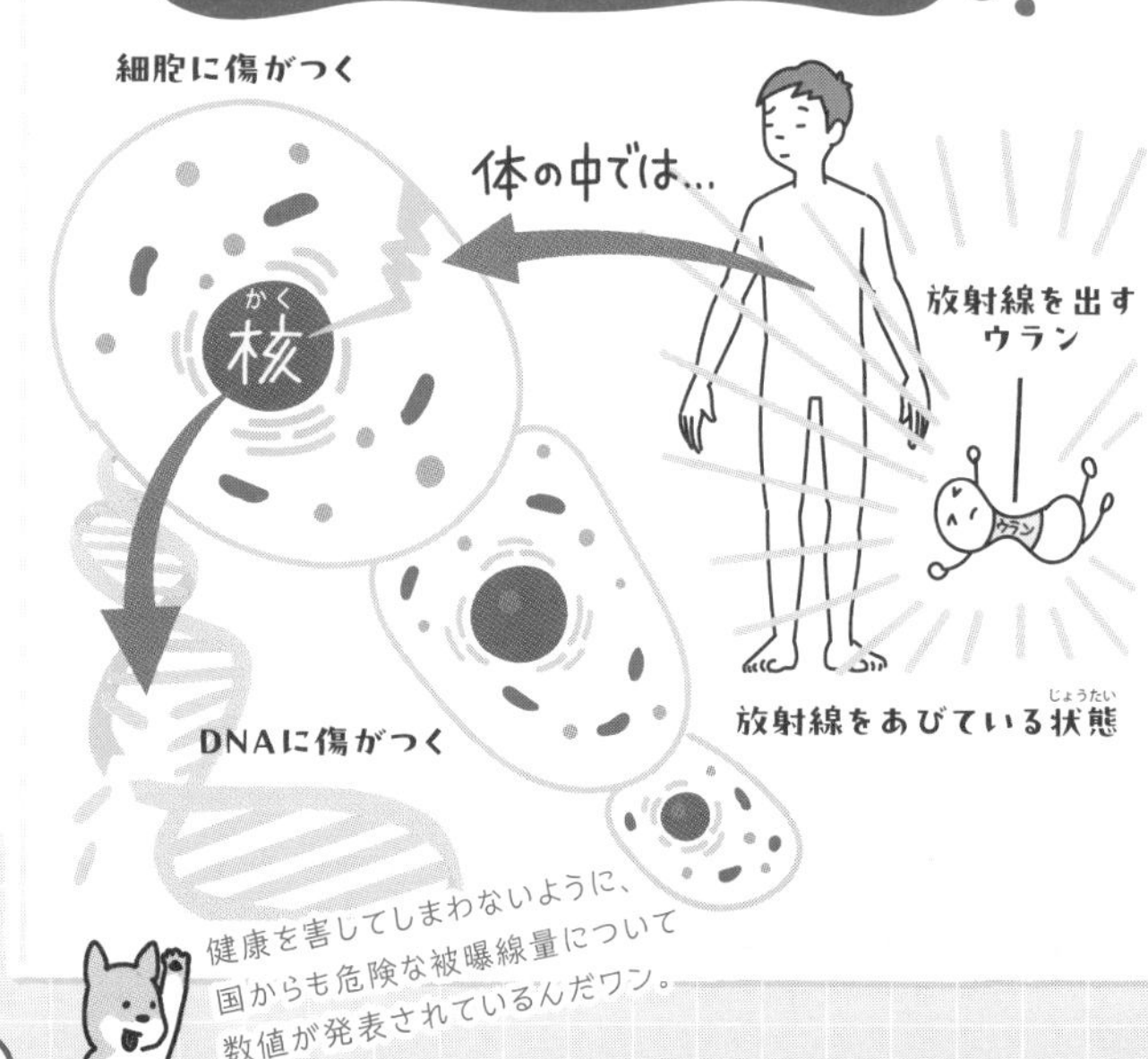

身近な例 がんの放射線治療

がんの放射線治療は、放射線が生き物の細胞の中にあるDNAを傷つける性質を利用しています。がん細胞ができている場所に、放射線を当てるのです。放射線が当たったがん細胞のDNAは壊れ、細胞が死にます。正常な細胞は回復力があるので、放射線を当てる治療を何度かくり返すうちに、がん細胞だけを取りのぞくことができます。

な物質をつくれなくなることもあります。

キュリー夫妻も、放射線のこのような性質をまったく知らないわけではありませんでした。例えばピエールは、自分の腕にラジウムを10時間もはりつける実験をしました。すると15日後、そのはりつけていた場所の皮ふが、やけどのようにただれたのです。ただれは2週間治らず、痛みは2ヵ月も続きました。

しかし、夫妻はこの結果を見て喜びます。「ラジウムの放射線は、がん細胞を壊すために使える」と考えたのです。やがてラジウムを使った治療法もでき、「キュリー療法」とよばれるようになりました。その後、多くの研究が進み、現在では放射線治療はがん治療になくてはならないものになっています。

放射線治療は体を切らずに
治療できるから、がん患者の
負担が少ないワン。

人物まとめ

逆境のなかでも努力し続けた

放射能研究の道を切り開いたのが、マリー・キュリーだよ。この研究が発展したおかげで、今では放射能や放射線を利用した機器類が、医療、農業、工業などの分野で使われ、私たちの生活を豊かにしているんだ。

また、女性が大学に行くことが難しい時代に女性研究者として先頭を歩き、女性に勇気をあたえてきたよ。

父の失業、姉と母の死、ロシア支配下での生活など、決して恵まれた環境ではなかったけれど、「科学の進歩による人類への貢献」という夢を持ち続け、努力してきたからこそ、輝かしい成果を残せたんだね。

Marie Curie

ノーベル化学賞を受賞した、原子物理学の父

アーネスト・ラザフォード

「元素は変化しない」と考えられていた常識をくつがえし、元素も変化することを発見。その業績にちなんで「原子物理学の父」とよばれています。

1871年 → 1937年

ひととなり 人生年表

0歳

1871年8月30日に、当時イギリスの植民地だったニュージーランドのネルソン近郊で生まれる。

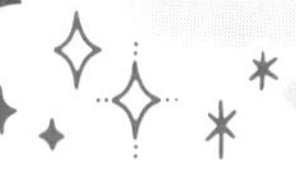
p.104

37歳

1908年、α線がヘリウムの原子核であることを証明。ノーベル化学賞を受賞。

p.107

コレだ！

40歳

1911年、「ラザフォードの原子構造モデル」を提唱。

次のページから、くわしく見てみるぞ

16歳

1887年、奨学金でネルソン・カレッジ(高校に相当)に入学。

▼ p.105

18歳

1889年、奨学金でニュージーランドのカンタベリー・カレッジ(大学)に入学。

24歳

1895年、イギリスのキャベンディッシュ研究所に移る。

▼ p.106

▼ p.103

ややっ

α線

β線

27歳

1898年、ウランからα線、β線が出ていることを発見する。

戦死してしまう弟子もいたんだ。

42歳

1914年、第1次世界大戦開戦。ラザフォードの弟子たちも戦場に向かった。

48歳

1919年、窒素の原子核にα線を衝突させ、人工的に崩壊させる。キャベンディッシュ研究所所長に就任。

▼ p.108

66歳

1937年、庭仕事をしていて木から落ち、腹部を強打したことがもとになり、ロンドンで亡くなる。

「元素は変わらない」という常識をくつがえす

身近にありふれた金属を、金や銀など、価値の高いものに変えることができたら……。古代から多くの人がこう考えてきました。このような技術は錬金術とよばれ、16世紀以降のヨーロッパで盛んに研究されていました。万有引力の法則を発見したアイザック・ニュートンも、錬金術を研究していたといいます。しかし、錬金術に成功した人はいませんでした。やがて科学的な研究が進むと、「錬金術は成り立たない」「元素が別の元素に変わること

▲1558年に、画家のピーテル・ブリューゲルが描いた錬金術の実験をするヨーロッパの人たちのようす。

昔の人も、そんな夢のようなことを考えたんだワン。

身近にある金属が、金のかたまりになったら夢みたいね！

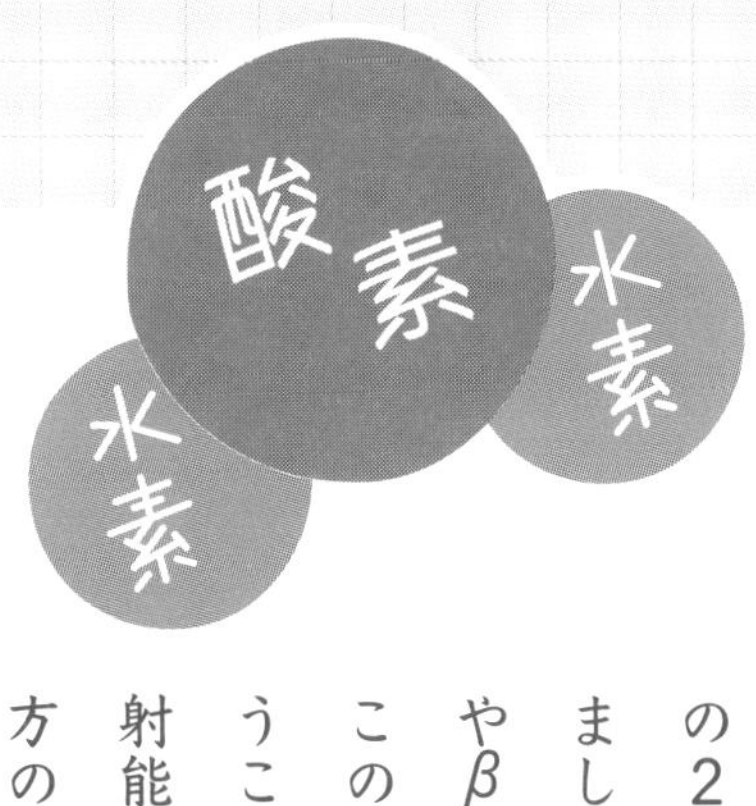

元素と原子

この世界の物質はすべて「原子」という粒子（粒）がくっついてできている。そして、原子の種類のことを「元素」という。元素は現在、118種が見つかっている。例えば「水」という物質（分子）は、酸素原子1つと水素原子2つがくっついてできているが、元素は酸素と水素の2つといえる。

はなく、物質をつくる基本単位である原子は不変だ」という考え方が一般的となりました。

この常識をくつがえしたのが、アーネスト・ラザフォードです。1902年、ラザフォードは、トリウムという元素が何日か経つと別の元素に変化することをつき止めました。

この発見の4年前、ラザフォードはウランから出る放射線に、アルミはくを通りぬけにくいものと通りぬけやすいものの2種類があることを発見し、それぞれα線、β線と名づけました。また、放射能を持つトリウムという元素から、α線やβ線とともに放射性の気体が出ていることも発見します。この気体はトリウムの中の別の物質から出ているものだということがわかったので、これを取りのぞくと、トリウムは放射能を失いました。ところがしばらくすると、取りのぞいた方の物質は放射能を失い、トリウムは再び放射性の気体を出

「原子」は、粒の1個ずつを指すんだワン。

これだけすごい研究の成果を
あげてるんだね!
さすが「原子物理学の父」!

ラザフォードのおもな業績

年	業績
1898年	α線、β線を発見。
1903年	γ線が電磁波であることを示す。 元素の放射性崩壊説を発表。
1904年	半減期の考え方を示す。
1908年	α線の正体がヘリウム原子核であると発表。
1911年	「ラザフォードの原子構造モデル」を発表。
1919年	世界初、人工的に原子核をつくりかえる(窒素の原子核にα線をぶつけて、酸素の原子核をつくりだす)。
1920年	中性子(p.52)の存在を予言。

すようになりました。

このふしぎな現象の理由を探ろうと研究を進め、ついに放射性の気体はアルゴンという元素の仲間であり、時間が経つとトリウムも気体もほかの物質に変化していることをつき止めたのです。ラザフォードは「元素が崩壊してα線やβ線を放出し、次々に別の元素に変化していくのではないか」と考えました。また、放射能が関係する現象に関するいくつもの重要な発見もしました。これらの業績により、ラザフォードは1908年、ノーベル賞を受賞しました。ただ、ラザフォードは物理学者でしたが、受賞したのは化学賞です。ラザフォードは、「これまであつかってきた変化のなかで一番速かったのは、一瞬にして物理学者から化学者に変わった自分自身の変化だ」と話したそうです。

奨学金

勉強や研究をするために学生に貸したりあたえられたりするお金。成績が優秀な人の場合、このお金は返さなくてもよいことがある。

大家族で成績優秀だった子ども時代

ラザフォードは1871年、ニュージーランドのネルソンという町の近くで生まれました。当時のニュージーランドはイギリスに支配されていました。父は**アマ**(亜麻)農家、母は教師で、ラザフォードは12人兄弟の4番目でした。子どものころから家の仕事を手伝う一方、野山を駆けまわり、勉強もよくしました。

16歳でラザフォードは**奨学金**をもらい、ネルソン・カレッジ(高校に相当)に入学。成績がよかったためさらに奨学金をもらい、カンタベリー・カレッジ(現在のカンタベリー大学)に進みました。このころ、下宿先でのちの妻、メアリー・ニュートンと出会います。カンタベリー・カレッジでも優秀な成績を収めました。イギリス本国から遅れて届く文献をもとに実験装置を一人で組み立て、先端の研

▶イギリスとニュージーランドの位置関係。ニュージーランドは1840年から1947年までイギリスの植民地だった。

アマ

古くから栽培されている植物で、茎の繊維を使って衣服などをつくるほか、種からとれる油は亜麻仁油として食用などに使われる。

▶キャベンディッシュ研究所のラザフォードの研究室のようす。

Science Museum London | Sir Ernest Rutherford's laboratory, early 20th century | Creative Commons license

究をして論文もまとめました。ラザフォードはさらに研究を続けたかったのですが、ニュージーランドから出て研究を続けるお金はありませんでした。そこで1894年、ニュージーランドなどの学生にあたえられる奨学金に応募しました。残念ながら、ラザフォードは2位で落選してしまいました。しかし、1位の候補者が辞退したため、奨学金をもらえることになりました。畑で芋ほりをしている時にこの知らせを受けたラザフォードは、「これが生涯最後の芋ほりだ」と言ったそうです。

1895年、イギリスのケンブリッジ大学キャベンディッシュ研究所の所長をしていた物理学の教授、ジョセフ・ジョン・トムソンのもとで研究員になりました。その年の11月に、レントゲンがX線を、翌年には**ベクレル**がウランから放射線が出ていることを発見しました。ラザフォードもこれらの発見に興味をひかれ、放射線の研究に取り組んだのです。

アンリ・ベクレル 1852-1908

フランスの物理学者。放射線を発見した功績で1903年にキュリー夫妻と共にノーベル物理学賞を受賞した(p.90)。

太陽系のような原子構造モデルを発表する

α線、β線を発見した1898年、ラザフォードはトムソンの推薦で、当時イギリス連邦の自治領だったカナダ・モントリオールのマクギル大学の物理学の教授に、27歳の若さで就任しました。世界の研究をひっぱっていたケンブリッジの研究所を離れ、植民地の大学に移るのは大変なことでしたが、ラザフォードには開拓者精神と自信がありました。現地の人ともすぐになじみ、順調に研究を始め、のちにニュージーランドに残していたメアリーと結婚しました。

1908年にノーベル賞を受賞してからも、ラザフォードは重要な発見をしています。1911年には、原子の中心にプラスの電気を持った核があり、そのまわりをマイナスの電気を持った電子がまわっているという、太陽系の惑星のような新しい原子構造モデルを示しました。それまで支持を集めていた原子の姿は、師であるトムソンが提唱していたプラスの電気を持った球状の物体の中にマイナスの電気を持った電子が散らばっているという、ブドウパンのようなものでした。しかし、ラザフォードがより実態に近い原子のモデルを考えたことで、原子物理学は大きく発展することになります。

また、1919年には窒素の原子核にα線をぶつけると、水素の原子核が飛び出すことを発見しました。これによって、世界で初めて、元素を人工的に変換できることを示したのです。のちの核分裂の発見につながる大きな成果でした。

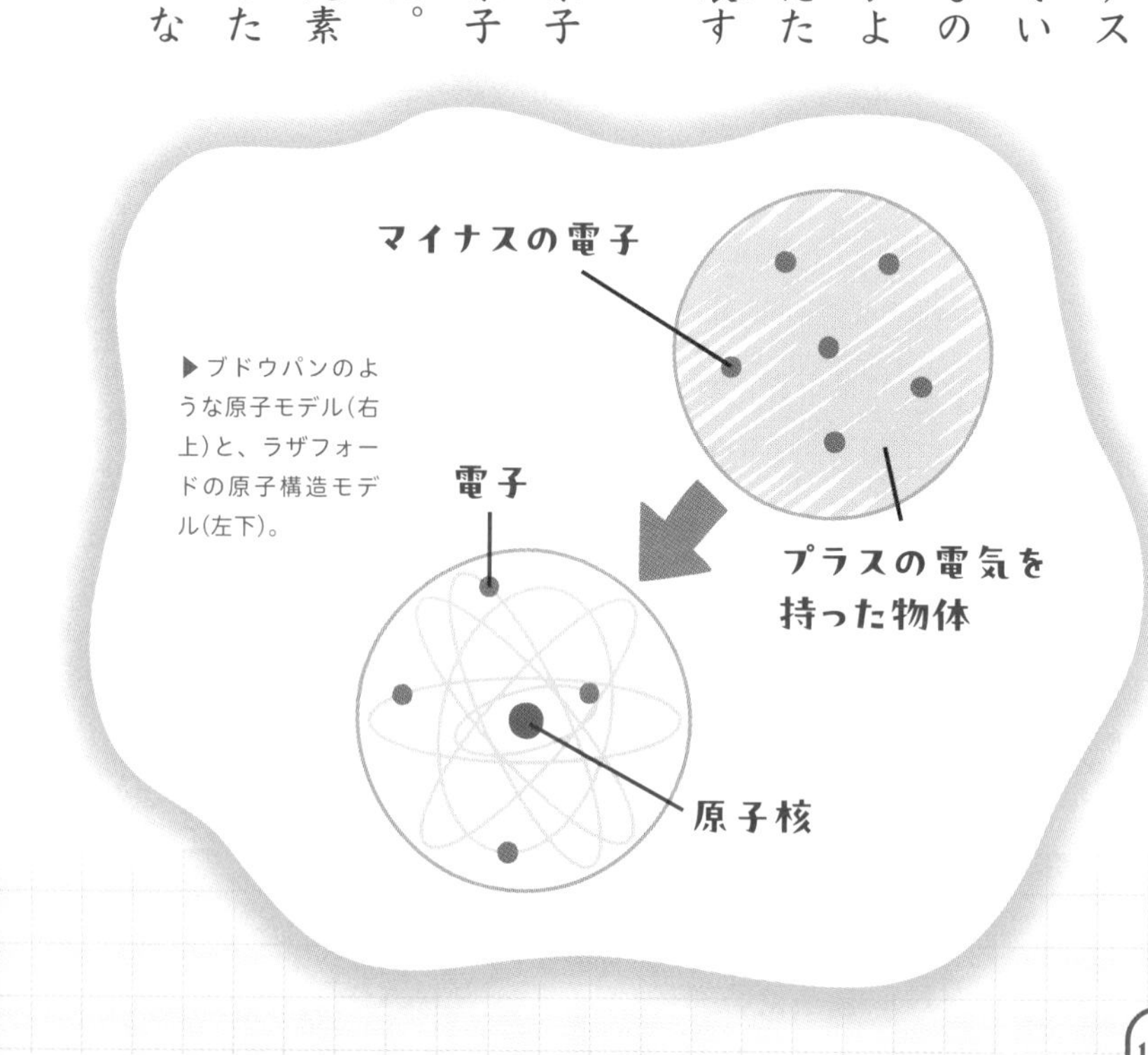

▶ブドウパンのような原子モデル(右上)と、ラザフォードの原子構造モデル(左下)。

多くの弟子を育てた「原子物理学の父」

α線
水素の原子核
窒素
酸素の原子核

▲窒素の原子核にα線をぶつける実験。窒素の原子核が壊れて、水素の原子核と酸素の原子核ができることがわかった。

ラザフォードは優れた指導者としても知られています。例えばケンブリッジ大学では、女子学生が授業に出席することはできましたが、学位を取ることはできませんでした。そこでキャベンディッシュ研究所所長に就任すると、ラザフォードは男女の完全平等化を主張し、女子学生の地位を男子学生とほぼ同等にしました。また、一人で閉じこもって研究をするのではなく、いろいろな研究者や学生と協力して研究を進めました。カナダでもイギリスでも、すばらしい研究成果をあげ、素朴で飾り気がなく指導力のあったラザフォードのもとには多くの優秀な学生や研究者が集まりました。ラザフォードは研究室をゆったり歩いて弟子たちのようすを見てまわり、実験がうまくいっている時は、調子外

ラザフォードは、まわりの人たちを大切にしたんだね。

ニールス・ボーア 1885-1962
デンマークの物理学者。原子構造モデルをさらに研究し、「ボーアの原子モデル」をつくりだす。量子力学の先がけとなり、原子物理学の発展に貢献(こうけん)し、1922年にノーベル物理学賞を受賞。

れの大きな声で歌を歌っていたそうです。実験がうまくいっていないようすの時はアドバイスをしたり、一緒(いっしょ)にアイデアを出し合ったりして弟子をはげましました。ラザフォードのもとからは、**ニールス・ボーア**や**オットー・ハーン**など、12人ものノーベル賞受賞者が生まれました。多くの優秀な研究者を育てたことから、ラザフォードは「原子物理学の父」とよばれています。

弟子たちから見たラザフォード

オットー・ハーン 1879-1968
ドイツの化学者、物理学者。原子核を研究し、原子核が同じくらいの大きさの2つの原子核に分裂する「原子核分裂」を発見。1944年にノーベル化学賞を受賞。

ノーベル化学賞を受賞

「元素の姿」と「放射性物質」を深ぼりしよう！

物質のもととなる「元素」と、「姿が変化する元素（放射性物質のもと）」について解説するぞ。

考えてみよう！

ラザフォードの研究でわかったことは？

ラザフォードが発見したα線やβ線。それらを出したウラン元素は、その後どうなったか思い出すのじゃ。

① 元素は永遠に変化しない。

② 元素は別の元素に変化する。

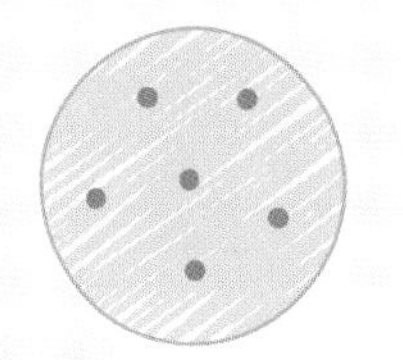

③ 元素はブドウパンのような姿に変化する。

錬金術師たちがめざしていたことを思い出すワン。

ブドウパンの話は「原子」の話だったと思うな。

こたえは……

② 別の元素に変化する。

元素は物質をつくる粒（＝原子）の種類のことで、118種が知られているぞ。例えば水は酸素と水素からできていたのぉ。長い間、元素は変化しないと考えられていたけど、ラザフォードは元素も変化すること、そこに放射線も関係していることを発見したんじゃ。

α線は物質を透過しにくく、紙1枚で止まる。β線は厚さ約1㎜のアルミニウム、γ線は厚さ約15㎜の鉛の板でようやく止めることができる。

α線

β線

γ線

放射線にも種類があることがわかった！

元素の構造について研究する前に、ラザフォードは放射線の研究をしていました。X線も、ウランから出ている放射線も、物質を透過する性質があります。ラザフォードは、ウランやウランがふくまれている物質の前にアルミはくを並べて、放射線がアルミはくを

「放射線」についてはp.78でくわしく解説しているワン！

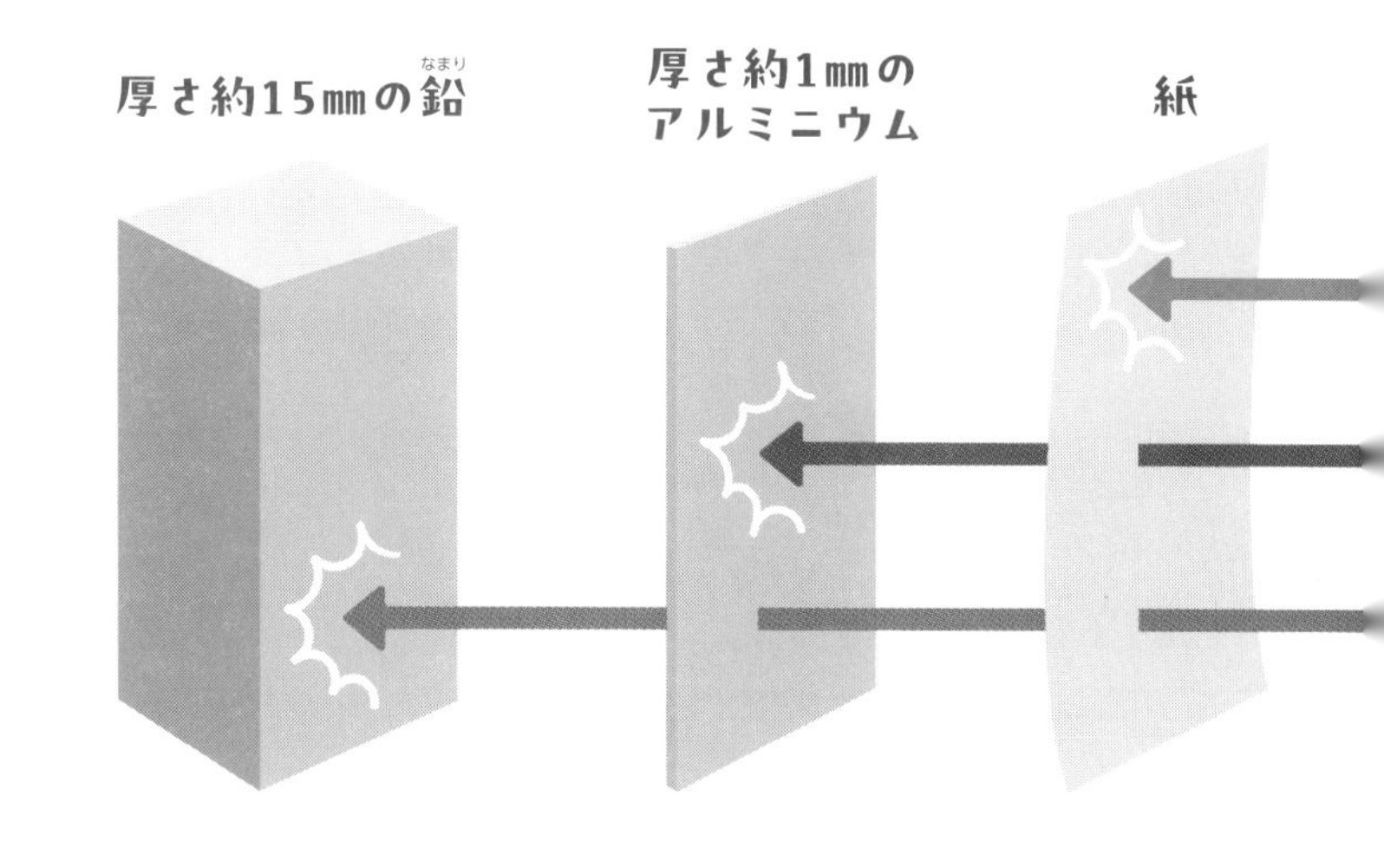

透過するかどうかを調べました。すると、放射線にも種類があり、アルミはくを透過しにくいものと、しやすいものがあったのです。そこでアルミはくを透過しにくい放射線を「α線」、透過しやすいものを「β線」と名づけました。

さらにその後、β線よりももっと物質を透過しやすい放射線があることが発見され、これを「γ線」と名づけました。

当時は元素のなかでも、放射線を出しているものはウランやトリウム、ポロニウム、ラジウムなどごくわずかなものしか知られていませんでした。そこでラザフォードは、次にトリウムとその放射線について調べ始めました。

αとかβ、γは、ギリシャ語の文字なんだって。

放射性元素ウランの一生

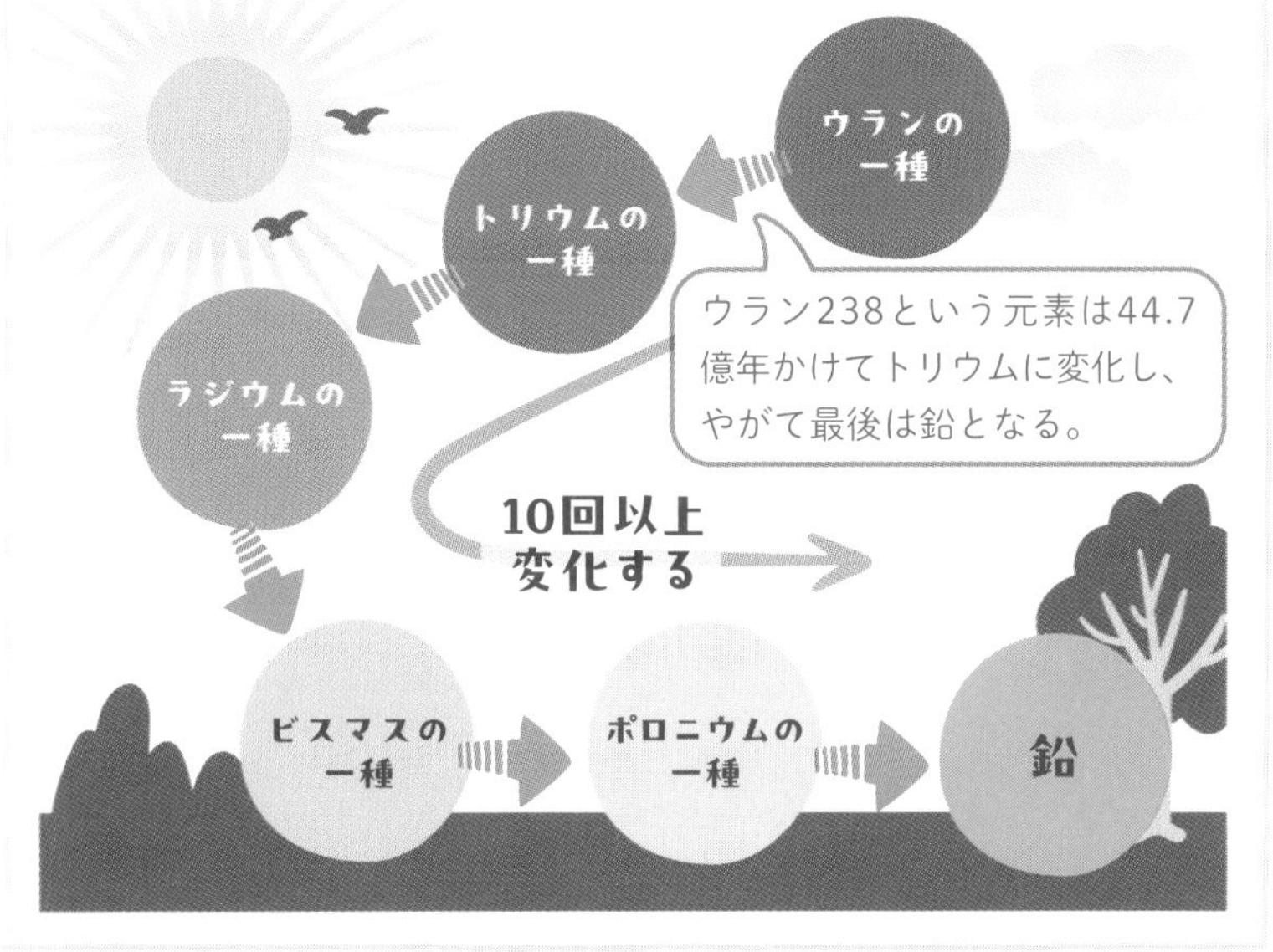

ほかにも、トリウムやトリウムの化合物からα線とβ線という放射線のほか、アルゴンという気体のなかまが放出されていることも発見。放射線や気体が出たあとのトリウム元素を確認（かくにん）すると、別の元素に変わっていることがわかりました。

これらの実験から、ラザフォードは、元素は崩壊すること、その時にα線やβ線が出ていると結論（けつろん）づけ、この現象を「元素の放射性崩壊」とよびました。現在では、放射性元素が変化し続けると、多くの最後は鉛の元素になり、それ以上は変化しないということがわかっています。

もっとくわしく

放射性炭素年代測定

半減期の考えが示された43年後、アメリカの化学者ウィラード・リビーが炭素14という物質の半減期を利用した「放射性炭素年代測定法」を考え出しました。

さらに、この放射性崩壊が一定の時間をかけて起こっていることもつき止めました。実験で確認したトリウムの一種は約24日後には原子の数が半分に減り、ウランの一種に変化していたのです。

ラザフォードはこの期間のことを「半減期」と考えました。半減期の考え方が示されたことで、「放射性炭素年代測定法」という技術が生まれました。このおかげで、古い地層や遺跡の年代などを調べることができ、大昔の時代をより正確に知ることができるようになりました。

放射性元素の半減期って、数百億年から1秒以下まで、さまざまなのね！

▼世界一大きな加速器、スイスとフランスの国境にある大型ハドロン衝突型加速器(LHC)。全周約27㎞の円形の装置が地下(写真の円の部分)につくられている。

写真：DEMANGE FRANCIS/GAMMA/アフロ

人工的に元素を変える技術

ラザフォードは1919年に窒素の原子核にα線をぶつけて水素と酸素の原子核を生じさせる実験で、そのまま人工的に元素を変える手法を示していました。

今では、超高速でとても小さな粒子を原子核にぶつけることができる「加速器」という装置ができ、人工的につくった元素も誕生しています。例えば、日本でつくられた「ニホニウム」という人工元素は、ビスマス原子に超高速で亜鉛原子をぶつけることで誕生しました。

たくさんの弟子を育て、愛された指導者

ラザフォードは、優れた研究者であっただけでなく、優秀な研究者を何人も育てた指導者でもあったよ。ノーベル賞でもらった賞金で自動車を買って、ヨーロッパのいろいろなところにいる弟子たちに会いに行ったんだ。弟子思いの人物だったんだね。

また、自分が生まれ育ったニュージーランドのネルソンという町のことをとても大切にしていたんだ。１９３１年に男爵の地位をあたえられたときには、自分の名前の前に故郷の名前を入れて「ネルソンのラザフォード卿」という称号をつけたよ。さらに貴族としての自分の紋章には、ニュージーランドの先住民であるマオリの戦士と、国鳥のキウイをあしらったほど。死の間際にも、自分が通った高校に１００ポンドの寄付をするように言い残したよ。

Ernest Rutherford

身近なところにもあるよ！ ノーベル賞をとった研究

ノーベル賞というと、とてもすごい世界の話のように聞こえます。でも、私たちの身近なところで使われている研究成果もたくさんあります。

いまや生活になくてはならないスマートフォンや電子機器。これらにはたくさんのノーベル賞級の技術が使われているよ！

無線通信

線でつながっていなくても、ラジオやテレビ、スマートフォンなどは遠いところまで音が届くね。これは電波を使って声などを届ける無線通信の技術を使っているからだよ。

グリエルモ・マルコーニ
（1874～1937年）
1909年、無線通信の発明で物理学賞を受賞。

タッチパネル

スマートフォンやタブレットなどのタッチパネルは、指で操作することができるね。ここには、電気を通す特殊なプラスチックが使われているんだよ。

白川英樹
（1936年～）
2000年、導電性プラスチックの発見で化学賞を受賞。

発光ダイオード

家の明かりや信号機、スマートフォンなどにはLED(発光ダイオード)という照明が使われているよ。LEDでいろいろな色がつくれるようになったのは、青色のLEDが開発されたからなんだよ。

赤崎 勇(あかさき いさむ)(1929〜2021年) | **天野 浩**(あまの ひろし)(1960年〜) | **中村修二**(なかむらしゅうじ)(1954年〜)

2014年、青色発光ダイオードの発明で物理学賞を受賞。

IC(集積回路)

ICとは、電子機器を動かすための回路や制御装置(せいぎょそうち)が小さな基板(きばん)の上に乗ったものだよ。小型(こがた)で高性能(こうせいのう)な電(でん)化製品(かせいひん)ができてきたのは、こうした発明があったからなんだよ。

ジャック・キルビー(1923〜2005年)

2000年、ICの発明で物理学賞を受賞。

リチウムイオン二次電池

一度しか使えない電池を一次電池、充電(じゅうでん)してくり返し使うことができる電池を二次電池というよ。スマートフォンやノートパソコンなどには、小さくて軽いリチウムイオン二次電池が使われているよ。

吉野 彰(よしの あきら)(1948年〜)

2019年、リチウムイオン二次電池の発明で化学賞を受賞。

病気やケガなどで病院に行ったり、薬を使ったりすることがあるよね。適切な治療を受けたり薬を使ったりすることができるのも、多くの研究のおかげだよ！

血液型

血液型にはA型、B型、AB型、O型の4種類があり、同じ型の血液なら輸血できるね。でも、血液型が発見される前は、ちがう型の血液を輸血して亡くなってしまうこともあったんだ。

カール・ラントシュタイナー（1868～1943年）
1930年、ABO式血液型の発見で生理学・医学賞を受賞。

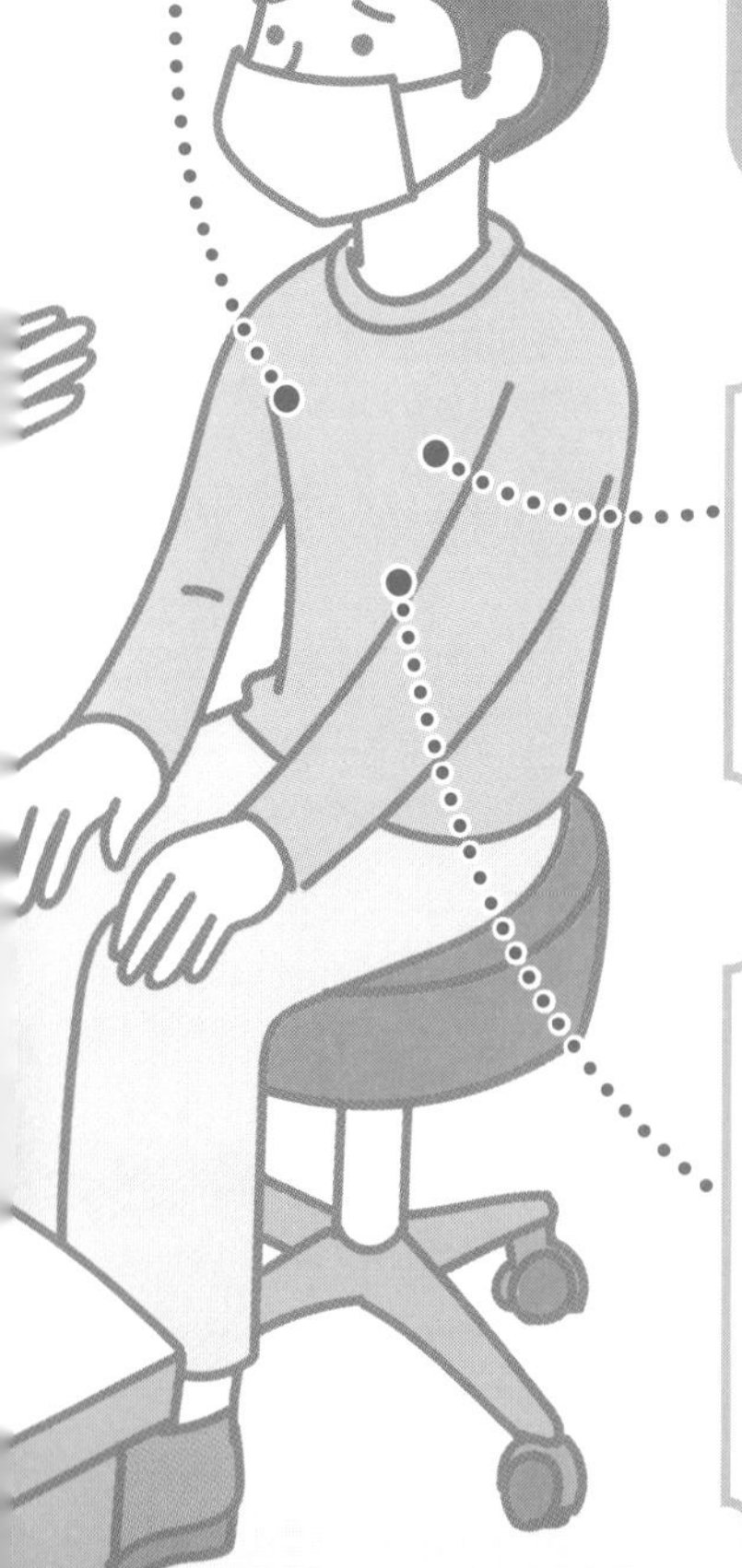

心電図

心臓の働きを目で見て確認できるのが心電図だよ。心臓が動くときに出る電気信号を読み取るしくみなんだ。

ウィレム・アイントホーフェン（1860～1927年）
1924年、心電計の発明で生理学・医学賞を受賞。

免疫

私たちの体には、外から入った病原体とたたかうしくみが備わっているよ。敵とたたかうしくみ（自然免疫）だけでなく、敵の特徴を記憶して、抗体という武器をつくるしくみ（適応免疫または獲得免疫）もあるよ。ワクチンは、このうちの適応免疫のしくみを利用したものなんだよ。

イリヤ・メチニコフ（1845～1916年）
パウル・エールリヒ（1854～1915年）
1908年、免疫の研究によって生理学・医学賞を受賞。

PCR

PCR（ポリメラーゼ連鎖反応）とは、生き物が持つDNAを増やすしくみだよ。わずかなDNAでも増やすことができるから、病気の原因がどんな種類の病原体なのかなどを調べることができるんだ。

キャリー・マリス
（1944〜2019年）
1993年、PCR法の開発で化学賞を受賞。

抗生物質

病気の原因となる細菌やウイルスなどの病原体のうち、細菌をやっつける薬が抗生物質だよ。フレミングは、青カビのまわりだけ細菌が増えないことに気づき、青カビに細菌をやっつける力があることを発見したんだ。

アレクサンダー・フレミング
（1881〜1955年）
1945年、ペニシリンの発見で生理学・医学賞を受賞。

結核から人々を救った「細菌学の父」

ロベルト・コッホ

世界で初めて結核菌を発見し、炭疽菌やコレラ菌の培養に成功したのがコッホです。感染症の研究・治療のための基礎をつくり上げました。

1843年
↓
1910年

ひととなり
人生年表

START
0歳
1843年12月11日、ドイツで生まれる。13人兄弟で、おばなども同居する19人の大家族だった。

▼ p.130

38歳
1882年、結核菌を発見し、論文『結核の病因について』を発表。

40歳
1883年、インドでコレラ菌の培養に成功。

次のページから、くわしく見てみるぞ

18歳

1862年、ゲッティンゲン大学に入学。数学や物理を学び、途中から医学の道へと進む。

p.125

26歳

1870年に始まった普仏戦争で、野戦病院で奉仕活動を行う。

p.128

32歳

1876年、炭疽菌の純粋培養に成功し、炭疽病の原因を発見。

36歳

1880年、ベルリンにある帝国衛生院に就職。

p.129

46歳

1890年、結核菌の培養液から、ツベルクリンを取り出す。

写真：アフロ

61歳

1905年、「結核菌の発見と研究」によりノーベル生理学・医学賞を受賞。

66歳

1910年に亡くなる。

コッホは1908年に、北里柴三郎と一緒に鎌倉を訪れているよ。

結核菌を発見した田舎の医師

古代エジプト
アフリカ大陸のタンザニアからエジプトにかけて流れるナイル川の周辺で文明が栄えた。

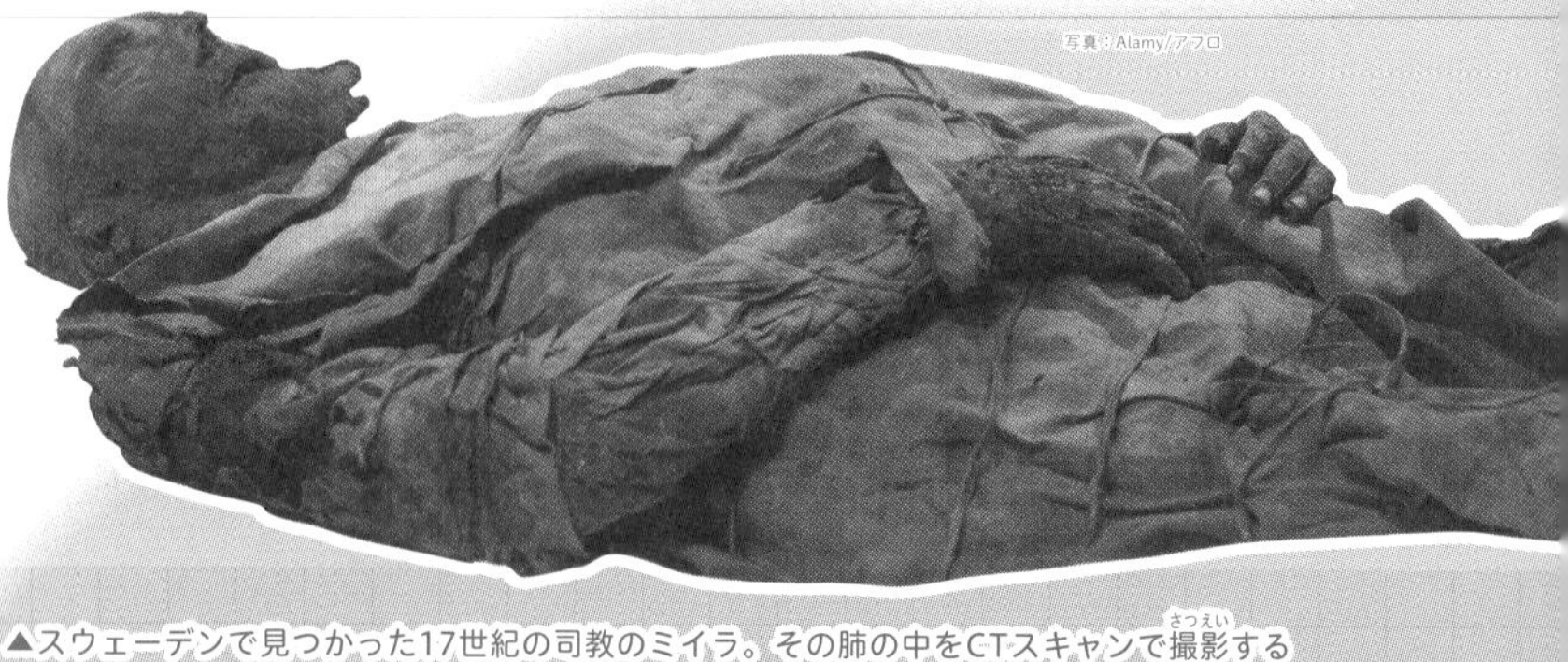

5000年以上前から人々を苦しめ続けていた不治の病がありました。その病気の名は「結核」。これは「結核菌」という細菌によって引き起こされる病気です。結核菌は空気と一緒に体内に入りこみ、肺などの臓器の細胞を少しずつ壊していきます。古くはイスラエル沖の9000年前の人骨から世界最古の結核の痕跡が発見されたほか、**古代エジプト**のミイラからも、結核のあとが発見されています。

結核の原因がわかったのは1882年のこと。小さな町の医師だった、ロベルト・コッホが、初めて結核菌を発見しました。コッホは結核菌のほかにも、細菌によって引き起こされるさまざまな病気があることを

写真：Alamy/アフロ

▲スウェーデンで見つかった17世紀の司教のミイラ。その肺の中をCTスキャンで撮影すると、結核菌に感染して、肺の一部が石のようになっていた。

証明し、多くの病気の治療法の基礎をつくり上げました。そして1905年、「結核菌の発見と研究」により、コッホはノーベル生理学・医学賞を受賞。その功績から、「細菌学の父」とよばれるまでになりました。

小さな診療所で見つけた炭疽菌

コッホは、1843年にドイツの小さな**炭鉱町**で生まれました。子どものころから自然と触れ合うことが大好きで、花や虫を観察したり、岩石を集めたりしていました。やがてコッホは、自然科学者か医者になろうと、18歳でゲッティンゲン大学に入学します。医学部を卒業すると、初めは世界中をまわることができる船医になろうとしました。しかし、すでに結婚していたコッホは、家族との生活のために夢をあきらめ、ウォルシュタイン(現在のポーランド)で診療所を始めます。コッホの診療所はとても小さなもので、妻のエミーや子どもたちと共に、つましい生活をしていまし

炭鉱町
石炭がたくさんとれる山(鉱山)の周辺にできた町。鉱山で石炭をほってくらす人たちが集まっていた。

昔の人も、今の私たちと同じ病気で苦しんでいたのね!

た。

そのころ、ヨーロッパでは原因不明の感染症が広まっていました。この病気にかかった家畜は、炭のような黒いかさぶたができて死んでしまうので、「炭疽病」とよばれていました。なんとこの病気は人間にもうつるもので、ウォルシュタインでも、炭疽病にかかったウシやヒツジのほか、人間が亡くなることもありました。コッホは診療所を営むかたわら、診察室をカーテンで仕切り、薬品や医学書、実験道具をならべた小さなスペースで、炭疽病の研究を始めました。机の上には、エミーがきびしい家計をやりくりしてプレゼントしてくれた顕微鏡が置いてあるだけでした。

1875年の冬、炭疽病で死んだ家畜を調べるように頼まれたコッホは、死がいから血液を採取し、顕微鏡で観察してみることにしました。すると血液中に、健康な動物の血液中には見られない、数多くの棒状の小さな生き物を発見したのです。

「この微生物が炭疽病の原因ではないだろうか……」

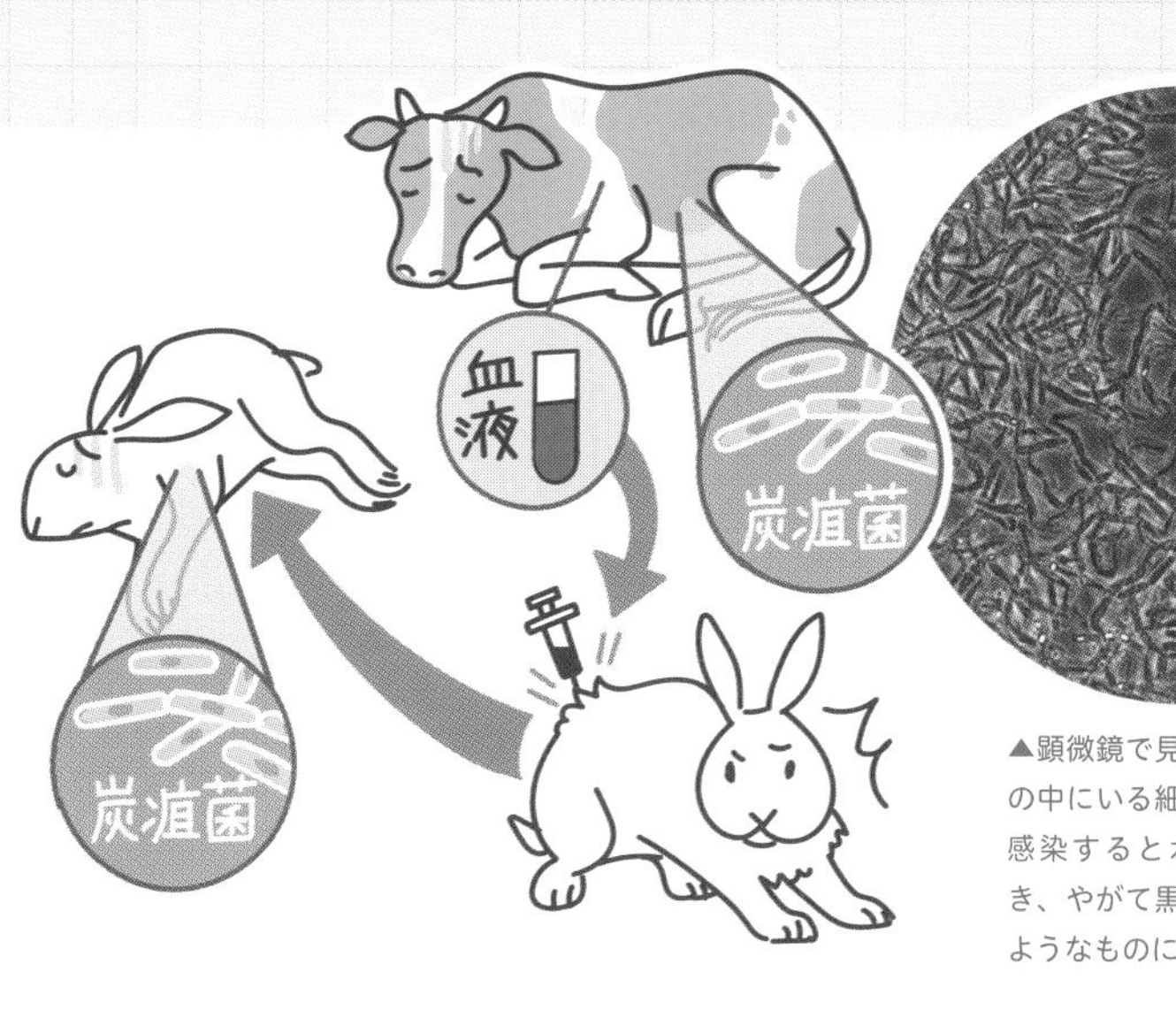

▲顕微鏡で見た炭疽菌。土の中にいる細菌で、皮ふに感染すると水ぶくれができ、やがて黒いかさぶたのようなものになる。

そう思ったコッホは、死んだ家畜の血液を、生きたウサギの耳と背中に一滴ずつ注射して観察することにしました。もしもこの微生物が炭疽病の原因なら、このウサギも炭疽病にかかるはずです。翌日、血液を注射されたウサギは死んでしまっていました。コッホは急いでウサギの耳と背中を切り取り、じっくりと観察しました。すると、家畜の血液の中にいたのと同じ、棒状の微生物が、たくさんいたのです。

当時、目に見えない小さな生き物が病気の原因になっているという説は、証明されていませんでした。そこでコッホ

は、微生物が病気の原因であると証明するための、4つのシンプルなルールを考えました。

コッホの4原則に従い、胃がんの原因になるピロリ菌も発見されたんだワン！

コッホの4原則

①…特定の病気の患者から、同じ微生物が見つかること。
②…その微生物を取り出すことができ、それを**培養**することができること。
③…培養した微生物を別の動物に接種すると、同じ病気にかかること。
④…③で病気にかかった動物から、②と同じ微生物が取り出せること。

のちにこの4つのルールは、「コッホの4原則」とよばれるようになります。コッホはルールにもとづいて研究を進め、1876年、ついに炭疽病は炭疽菌という細菌によって引き起こされるということを発見します。そしてこの研究を『炭疽病の原因』という論文にまとめて発表しました。小さな町の診療医だったコッホの名前は、ヨーロッパ中に知れわたりました。

培養
微生物などを、人間の手で人工的に育てて増やすこと。

研究チームを率(ひき)いて、結核菌発見に挑(いど)む

炭疽菌を発見したコッホは、1880年にドイツのベルリンに移(うつ)り住(す)み、帝国衛生院という研究所の研究員となりました。やがて若(わか)い2人の助手、ゲオルク・ガフキーとフリードリッヒ・レフラーがつきます。コッホは彼らと共に少しずつ研究室を大きくしていきました。すると次第(しだい)に、その研究に興味(きょうみ)を持つ研究者が増(ふ)え、コッホは研究チームを率いるリーダーとなります。

そしてコッホは、ついに大きな研究に挑む決意をします。それが「結核菌の発見」です。当時のヨーロッパでは、4人に1人が結核の

写真：WPS

▲ベルリンの帝国衛生院時代のようす。写真中央がコッホ。

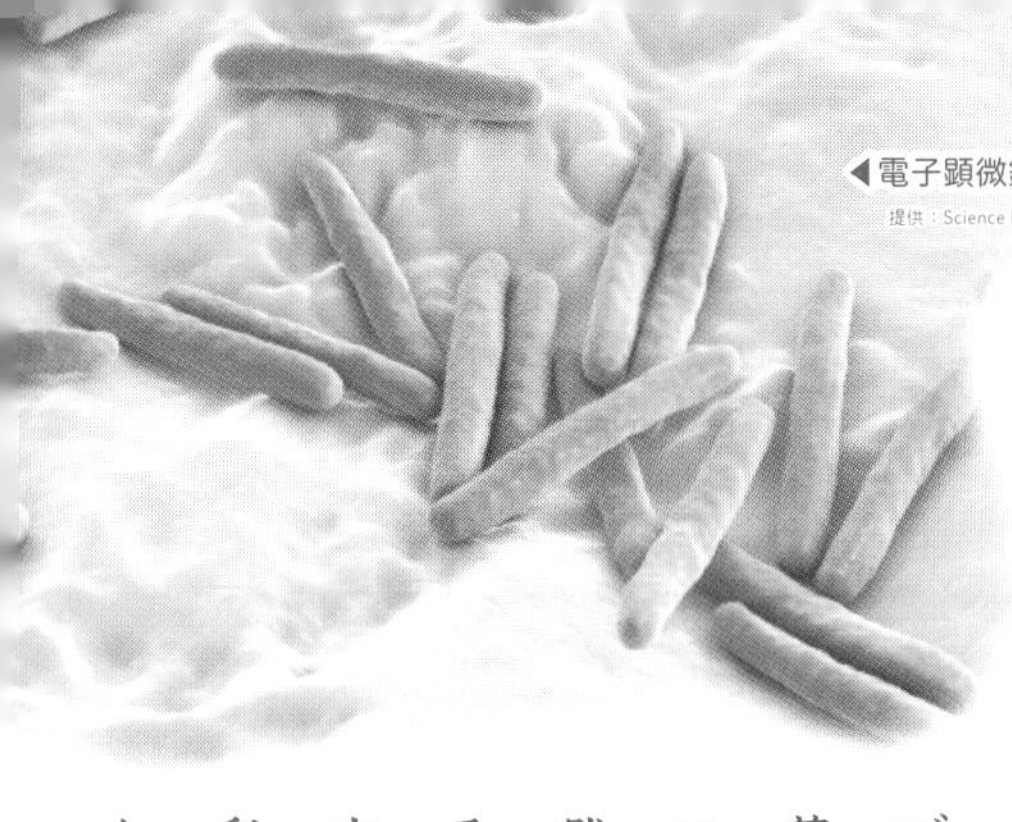

◀電子顕微鏡で見た結核菌の姿。

提供：Science Photo Library/アフロ

ために命を落としており、〝死病〟と恐れられていました。原因がわからず、きたない空気や、よごれた血液のせいではないかと考える人もいました。コッホはこれまでの研究を通し、結核は「細菌が引き起こす感染症」だと確信していました。これを証明するためには、炭疽菌を発見した時と同じように、4つのルールをクリアしなくてはなりません。

ところが、結核菌はとても見えづらかったのです。これでは1番目のルールさえ乗り越えられません。そこで、細菌を青い染料で染め、観察しやすくすることで見つけることができました。しかし今度は、結核菌の成長が遅く、自然に近い環境でないと培養が難しいことがわかりました。そこでコッホは、血液のうち、**血清**という成分を利用する方法を思いつきます。血清を使って培養した結核菌を別の動物に接種すると、予想どおり、結核の症状が現れました。そして、この動物から再び結核菌を採取することにも

血清

血液がかたまる時にわかれる、あわい黄色で透明な液体。

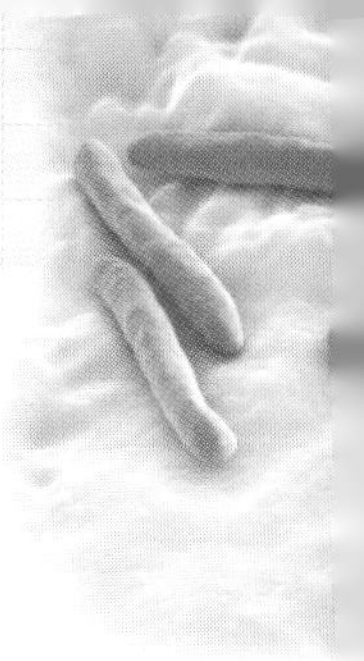

成功します。1882年、こうしてコッホは、人類を長く苦しめてきた病気の正体をつかんだのです。

生涯を研究に捧げたコッホ

コッホはこのほかにも、顕微鏡に改良を加え、細菌を撮影する方法を編み出すなど、さまざまな発明も行っていました。こうした研究方法は、のちに「細菌学」という新しい分野を確立させるに至ります。

結核菌を発見した翌年の1883年には、インドに出かけて、当時大流行していた**コレラ**の原因が、コレラ菌という細菌であることをつき止めます。コレラ菌そのものは1854年に、イタリアの医師フィリッポ・パチーニが発見していましたが、コッホがあらため

コレラ
感染すると、はげしい下痢や吐きもどしの症状を起こす病気。脱水症状で死んでしまうこともある。

▶研究をするコッホのようす。
写真：Alamy/アフロ

北里柴三郎 1853-1931

細菌学者。破傷風の予防・治療法の確立や、ペスト菌の発見、医学研究機関の設立など、日本の医学の発展に貢献。第１回ノーベル生理学・医学賞の受賞候補になった。

てコレラ菌とコレラの関係を明らかにしたことで、治療薬の開発などが進みました。

コッホは多くの研究者も育てました。最初の助手のゲオルク・ガフキーは「腸チフス菌」、フリードリッヒ・レフラーは「ジフテリア菌」の培養に成功します。また、「近代日本医学の父」とよばれる**北里柴三郎**も、コッホに教えを受けた研究者の一人です。北里は、やがて「ペスト菌」を発見、北里と共に研究を行っていたエミール・ベーリングは「ジフテリア」の治療法を発見しました。

そして1905年、コッホにノーベル生理学・医学賞が授けられます。この受賞に対し、人々は「これ以上受賞にふさわしい人は考えられない」と称賛しました。その後もコッホは、マラリア、ペストなどの多くの感染症の研究を続け、1910年に66歳で亡くなりました。しかし、コッホの残した功績は、現代の人々の命も救い続けているのです。

写真：Ullstein bild/アフロ

▶コッホと北里柴三郎。

ノーベル生理学・医学賞を受賞

「結核菌の発見と研究」を深ぼりしよう！

結核の症状や治療法について解説するぞ。

考えてみよう！

人間が結核にかかっていた証拠として残っているミイラは、いつごろのものかな？

人間が病気にかかっていた証拠としては、遺体が残っている場合と、書物に残っている場合があるぞ。

① 紀元前6000年ごろのイラク

② 紀元前3000年ごろのエジプト

③ 紀元前2700年ごろの中国

④ 紀元前500年ごろのギリシャ

紀元前3000年ごろのエジプトでは、エジプト文明が発達していたね。

紀元前2700年ごろの中国では、中国文明が始まっていたワン。

こたえは……

② 紀元前3000年ごろのエジプト

このころのエジプト文明では、王の遺体をミイラとして残していたのじゃが、何体かのミイラに結核のあとが残っていたぞ。

細菌を純粋培養する方法や結核の診断方法を発見

コッホが研究を始めた当時は、細菌を増やす培地(細菌が増えやすいように栄養分などを入れた物質)に、液体を使っていました。しかし、それではさまざまな細菌が液体の中で混ざってしまい、増やしたい細菌だけを取り出すことが困難でした。ある日コッホは、切ったジャガイモの表面に、何種類ものカビが生えているのを発見します。これにヒント

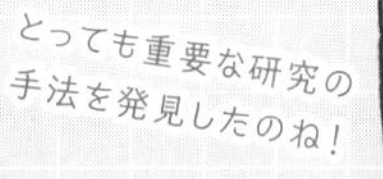

とっても重要な研究の
手法を発見したのね!

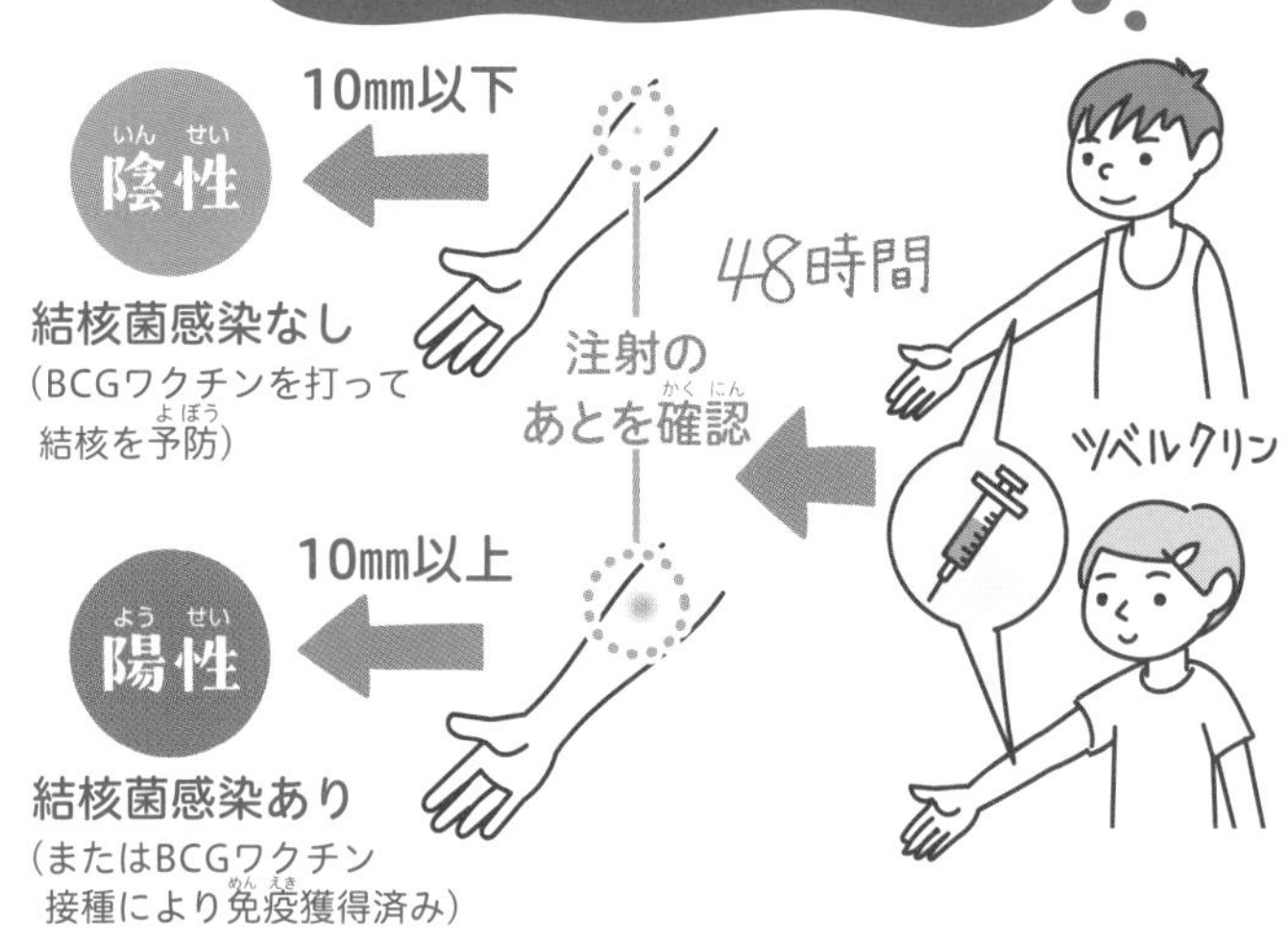

を得て、コッホは、寒天などを使って固めた培地に増やしたい細菌を塗りつけて増やす「純粋培養」の方法を確立しました。

コッホは純粋培養の方法で結核の治療法も研究しました。結核菌を培養したものから取り出した液（ツベルクリン）を、結核菌に感染しているモルモットに注射してみたところ、注射したところが赤くはれました。コッホは、これはツベルクリンが結核菌とたたかっているからだと考え、ツベルクリンを結核治療薬として発表しましたが、効果はありませんでした。しかし、「結核菌に感染しているかどうか」の判断はできるため、長年、結核のワクチン（BCG）を打つかどうかを判断する時に用いられていました。

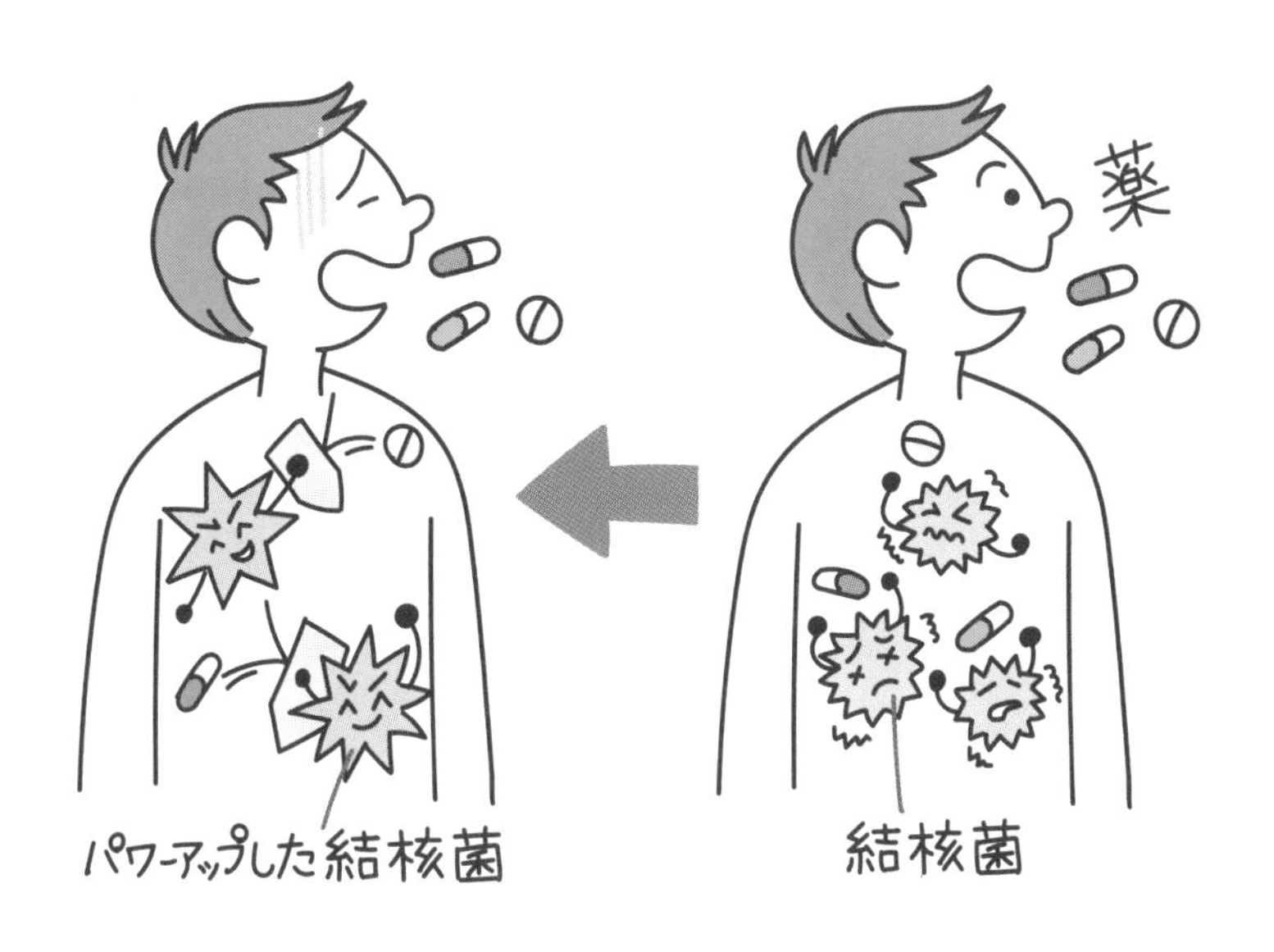

薬が効かない!? 薬剤耐性結核

現在も人間と結核菌とのたたかいは続いています。世界で新たに結核にかかる人は年間1000万人ほどいて、命を落とす人は100万人以上います。

なかでも大きな問題となっているのが、薬剤耐性結核の出現です。薬剤耐性結核とは、結核の薬に対して抵抗力を持ってしまった結核菌のこと。つまり、これまで効いていた薬が効かない結核菌が、次々に現れているのです。この結核菌はとてもやっかいなため、世界規模で対策をすすめています。

人物まとめ

コツコツと研究を続け、細菌研究の基礎をつくった

一つの病原体が一つの感染症を引き起こすことを、科学的に初めて証明したのがコッホだよ。その確認方法は「コッホの4原則」として、現在でも感染症の研究の基礎となっているんだ。

コッホは、自分の説を確かめるために、研究方法や顕微鏡、培養器具などにも改良を加え、研究に没頭！　炭疽菌や結核菌、コレラ菌といった病気を引き起こす細菌を発見して、それらの細菌の培養にも成功したんだ。当時、たくさんの人が亡くなっていた感染症の研究に、大きく貢献したんだね。

コッホは今でも「細菌学の父」といわれて、世界中の研究者から尊敬されているよ。

Heinrich Hermann Robert Koch

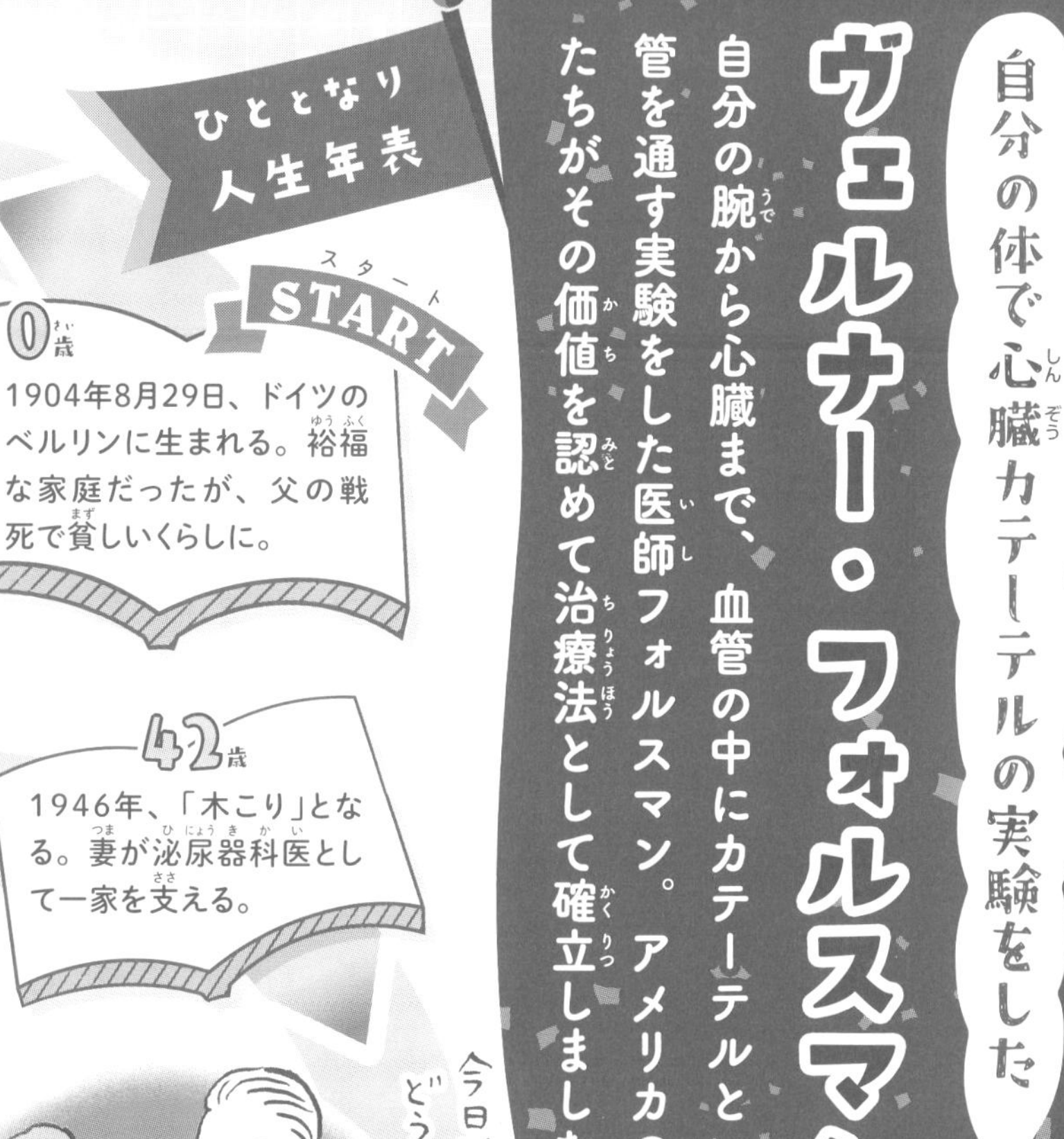

自分の体で心臓カテーテルの実験をした ヴェルナー・フォルスマン

自分の腕から心臓まで、血管の中にカテーテルという管を通す実験をした医師フォルスマン。アメリカの医師たちがその価値を認めて治療法として確立しました。

1904年→1979年

ひととなり人生年表

START

0歳
1904年8月29日、ドイツのベルリンに生まれる。裕福な家庭だったが、父の戦死で貧しいくらしに。

42歳
1946年、「木こり」となる。妻が泌尿器科医として一家を支える。

46歳
1950年、バート・クロイツナハの病院で泌尿器科に勤務。

次のページから、くわしく見てみるぞ

18歳

1922年、ベルリンのフンボルト大学に入学。心臓の専門医を志す。

24歳

1928年、医学の学位を取得。産婦人科研修医として雇われ、外科の助手に。

25歳

1929年、自分を実験台にして心臓カテーテルの実験を行う。

▼ p.140

36歳

1940年、第2次世界大戦に軍医として参加。戦争捕虜になる。

▼ p.145

52歳

1956年、**ノーベル生理学・医学賞受賞。**

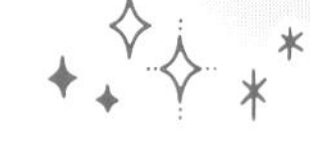

65歳

1969年、引退し、シュバルツバルトにもどる。

74歳

1979年、心臓発作で亡くなる。

心臓カテーテルの技術は、今も使われているよ！

みんなに反対された実験を無理やり実行

「絶対にばれないようにしなきゃ」

1929年の夏、若き研修医フォルスマンは、手術室に看護師ゲルダ・ディッツェンをたずねました。フォルスマンはこれから、自分の腕の静脈から心臓まで、カテーテルという、やわらかくて細い管を通してみるつもりでした。フォルスマンは、心臓病の治療法として、この実験は画期的だと信じていました。ところが、上司に相談したところ大反対されてしまったのです。次にディッツェン看護師を説得したところ、彼女は「危険がないなら、私で実験してください」と答えます。しかしフォルスマンは、こっそり自分の体で実験しようと心に決めていました。

ディッツェンは、手術道具や当時すでに使われていた尿管用のカテーテルを準備しました。フォルスマンは鎮痛剤を打つふりをして、ディッツェンを手術台に横たわらせ、手足をベルトで固定してしまいます。そしてそ

X線
ヴィルヘルム・レントゲンによって発見された、電磁波の一種(p.76)。

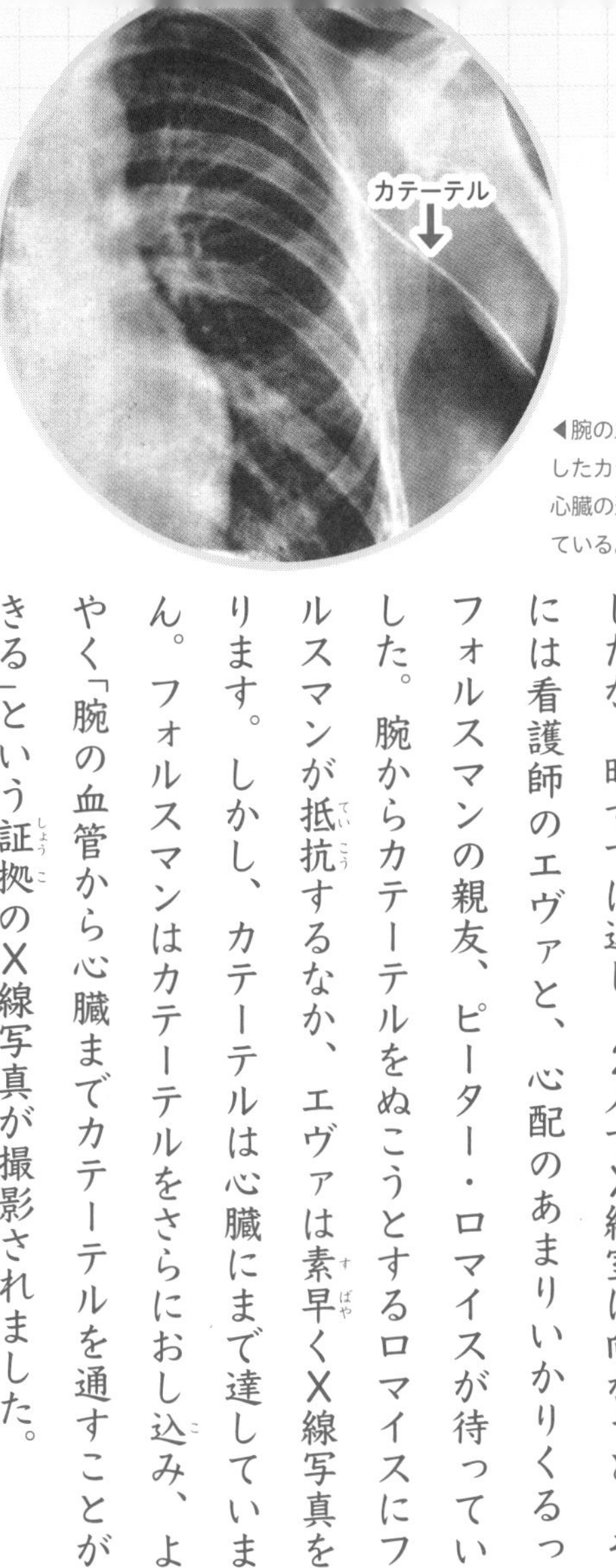

カテーテル
あんなこと言うんじゃなかった…
イタタ…

◀腕の血管から通したカテーテルが心臓の近くに達している。

のすきに、自分の腕に鎮痛剤を注射して切開し、カテーテルを静脈に送りこんでからディッツェンを解放しました。

「用意ができたから**X線**写真を撮りたい」と言われ、だまされたことに気がついたディッツェンは大変おこりましたが、時すでに遅し。2人でX線室に向かうと、そこには看護師のエヴァと、心配のあまりいかりくるったフォルスマンの親友、ピーター・ロマイスが待っていました。腕からカテーテルをぬこうとするロマイスにフォルスマンが抵抗するなか、エヴァは素早くX線写真を撮ります。しかし、カテーテルは心臓にまで達していません。フォルスマンはカテーテルをさらにおし込み、ようやく「腕の血管から心臓までカテーテルを通すことができる」という証拠のX線写真が撮影されました。

体には、心臓から出た血液を運ぶ動脈、心臓にもどる血液が通る静脈、動脈と静脈をつなぐ毛細血管があるワン！

心臓にメスを入れずに治療し、患者を救いたい

胸に痛みや圧迫感を感じる**狭心症**や、心臓が急に動かなくなる**心筋梗塞**といった病気は、心臓の血管に**コレステロール**の一種がたまり、血管がふさがったりせまくなったりすることによって起こります。現在では、心臓の血管にカテーテルを通して検査したり治療をするのは普通のことですが、フォルスマンの時代は、心臓の病気の原因をさぐるのも治療するのも難しかったのです。

当時のおもな治療法は、胸の外側

狭心症、心筋梗塞

心臓につながる冠動脈がつまって、血液が流れにくくなるのが狭心症。さらに血液が流れず、心臓が動かなくなってしまう状態が心筋梗塞。

コレステロール
肝臓から出てくる脂質（栄養素の一種）で、細胞をつくる材料になる。一方、血管の壁にくっつき、血管をつまらせる原因にもなる。

から長い針を使って直接心臓に薬を注射することでしたが、注射の針が心臓のまわりの動脈を傷つけ、患者が出血多量で亡くなることもめずらしくありませんでした。

フォルスマンは、自宅の古い医学書にのっていた、生きたウマの首の静脈から心臓にカテーテルを通し、その先につけたバルーン（風船）で心臓の鼓動をはかっているスケッチを見て、カテーテル治療を思いつきました。また、研修医として亡くなった人の体を解剖するうちに、心臓の弁が硬くなり、血管の内側が白いものでふさがっていることにも気がついていました。もしウマと同じように、人間の心臓の血管にカテーテルを通して薬や器具を入れたりできれば、手術で心臓を切りひらかなくても治療ができるのではないかと考えたのです。

そして自分の体で実験する前に、亡くなった人の腕からカテーテルを入れ、静脈を通ってちゃんと心臓まで届くかどうか、何度も確かめました。

フォルスマンは、やみくもに
実験したわけではないんだよね。

フォルスマンは25歳で病院をクビになってしまったのね。

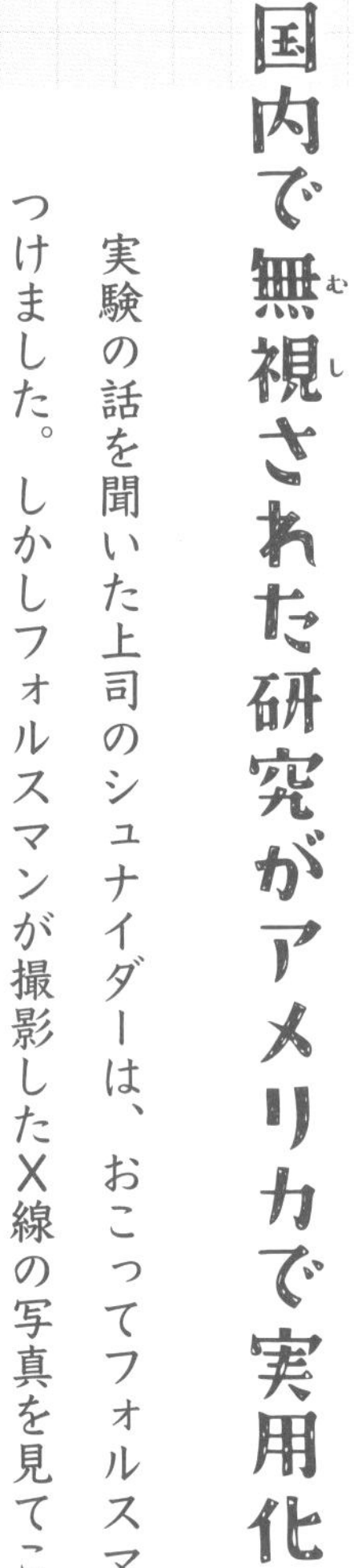

国内で無視された研究がアメリカで実用化

実験の話を聞いた上司のシュナイダーは、おこってフォルスマンをよびつけました。しかしフォルスマンが撮影したX線の写真を見てこの実験の重要性を理解し、フォルスマンにおいしい食事をごちそうして祝ってくれました。2人は共同で論文を発表しましたが、今度はそのことが病院長のいかりを買ってしまい、フォルスマンはクビになってしまいます。医学研究を続けることができなくなったフォルスマンは、長い苦難の道をたどることになりました。

母国ドイツでは評価されなかった一方で、フォルスマンの論文は遠くはなれたアメリカの医学界に伝わっていました。1932年に論文を読んだ2人の医師、アンドレ・クルナンとディキンソン・リチャーズは「この方法なら、心臓のどこに問題があるのかを見つけ、危険の少ないやり方で治療できる」と、フォルスマンの実験のねらいを正しくくみとったのです。

1941年にはクルナンが実際の患者に初めて心臓カテーテルを使用し、その後、この治療法はアメリカの病院で広く行われるようになりました。

1940年にフォルスマンはドイツの軍医として戦場に向かいます。人の命を救うことを一番に考えていた彼にとって、ナチス＝ドイツの軍医であることは、とてもつらいことでした。戦争終結後には、妻と6人の子どもを連れて自然豊かなドイツ南部のシュバルツバルト地方に引っ越します。再び医師の仕事についたのは1950年のことでした。そして1956年、バート・クロイツナハの病院で泌尿器科医として働いていたとき、手術室

▶クルナンとリチャーズはアメリカのコロンビア大学医学校で、心臓カテーテルの研究を行った。

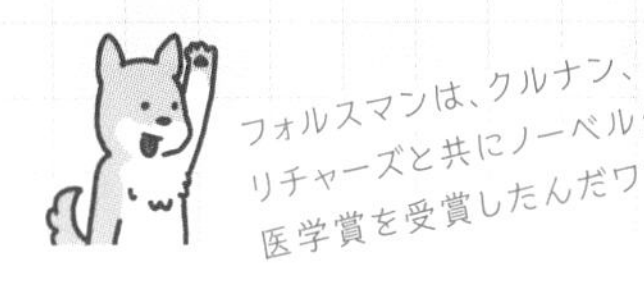

に入ってきた院長から「おめでとう。君は2人のアメリカ人と共にノーベル賞を受賞することが決まったよ」と知らされたのです。自分の体にカテーテルを入れる実験をしてから27年の年月を経て、フォルスマンの研究が認められたのです。しかし、彼はもう心臓外科医の道を選びなおすには歳をとり過ぎていました。しばらく別の病院で管理職として働いたあと、引退して家族と共にシュバルツバルトにもどり、1979年に亡くなりました。原因は心臓発作でした。

Photo by Getty Images

▲フォルスマン一家のようす。妻と6人の子どもたちが写っている。

ノーベル生理学・医学賞を受賞

「心臓カテーテル」を深ぼりしよう！

心臓のしくみとカテーテルの役割(やくわり)を解説(かいせつ)するぞ。

考えてみよう！

心臓の血管をふさいでしまう物質は何かな？

細胞をつくる材料になる物質だが、病気の原因になることもあるぞ。

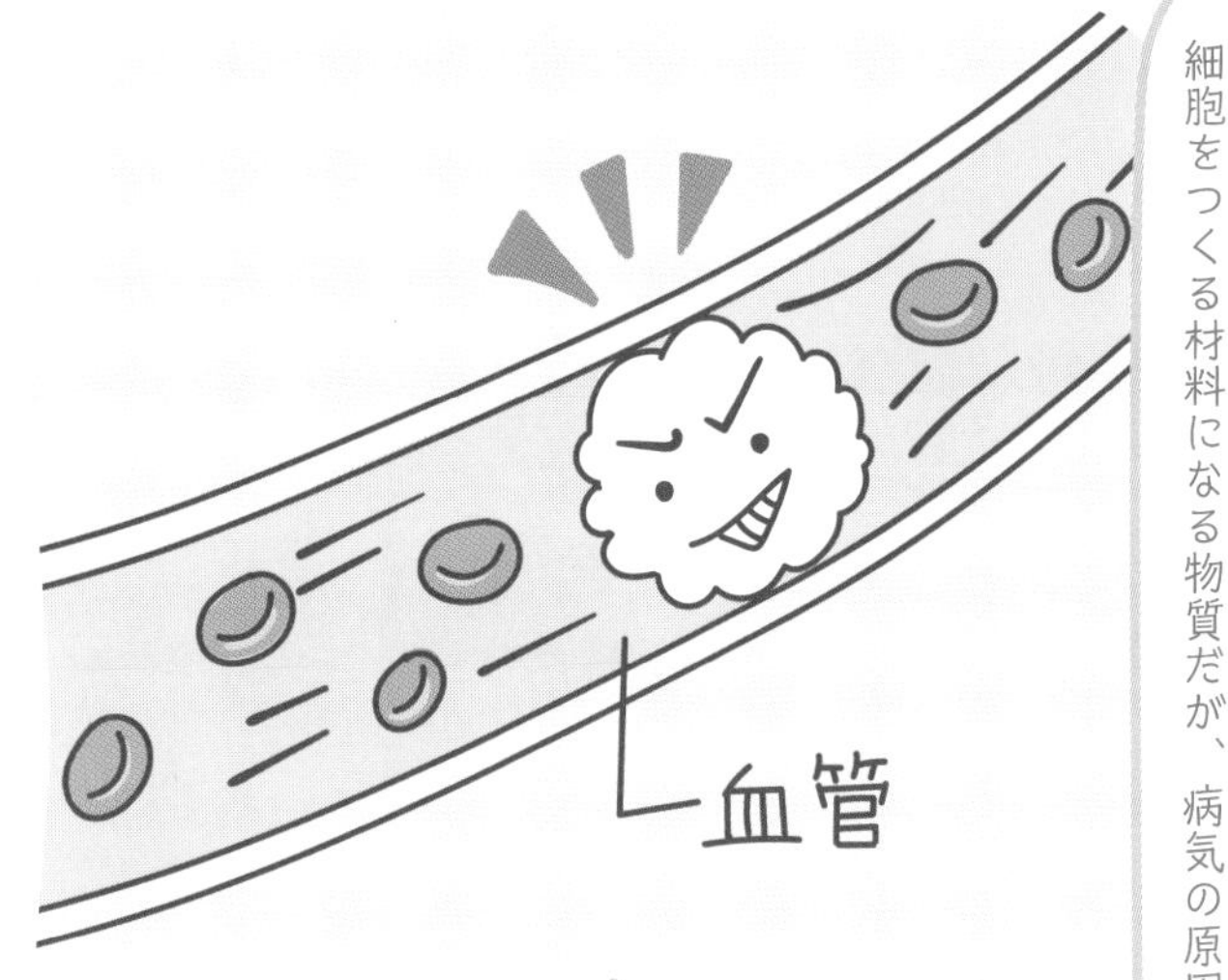

1 中性脂肪(ちゅうせいしぼう)

2 カルシウム

3 コレステロール

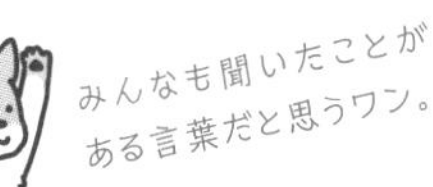

みんなも聞いたことがある言葉だと思うワン。

こたえは……

③ コレステロール

狭心症や心筋梗塞などの心臓病は、心臓に血液を送る冠動脈という血管の壁に、ドロドロに固まったコレステロールなどがくっついて血管がせまくなったり、完全にふさがってしまうことで起こるのじゃ。

心臓と冠動脈

上半身から
全身へ
肺
肺
左心房
右心房
左心室
右心室
下半身から

心臓のつくり。心臓からは全身に向けて、たくさんの酸素をふくんだ血液が送り出される。体中の細胞に酸素を届けた血液は再び心臓へともどってくる。

心臓の働きと血管の役割

心臓はふくらんだり縮んだりとポンプの働きをして、私たちの体のすみずみまで血液を送っています。この血液の循環によって動脈から毛細血管を通して細胞に酸素と栄養が届けられ、静脈から二酸化炭素や老廃物が回収されることで私たちは生きているのです。ですから、心臓が止まると血液の循環が止まり、体中の細胞が酸素不足で死んでしまいます。特にたくさんの

心臓は1分間に60〜100回、1日のうちに約10万回も拍動して血液を送っているんだって！

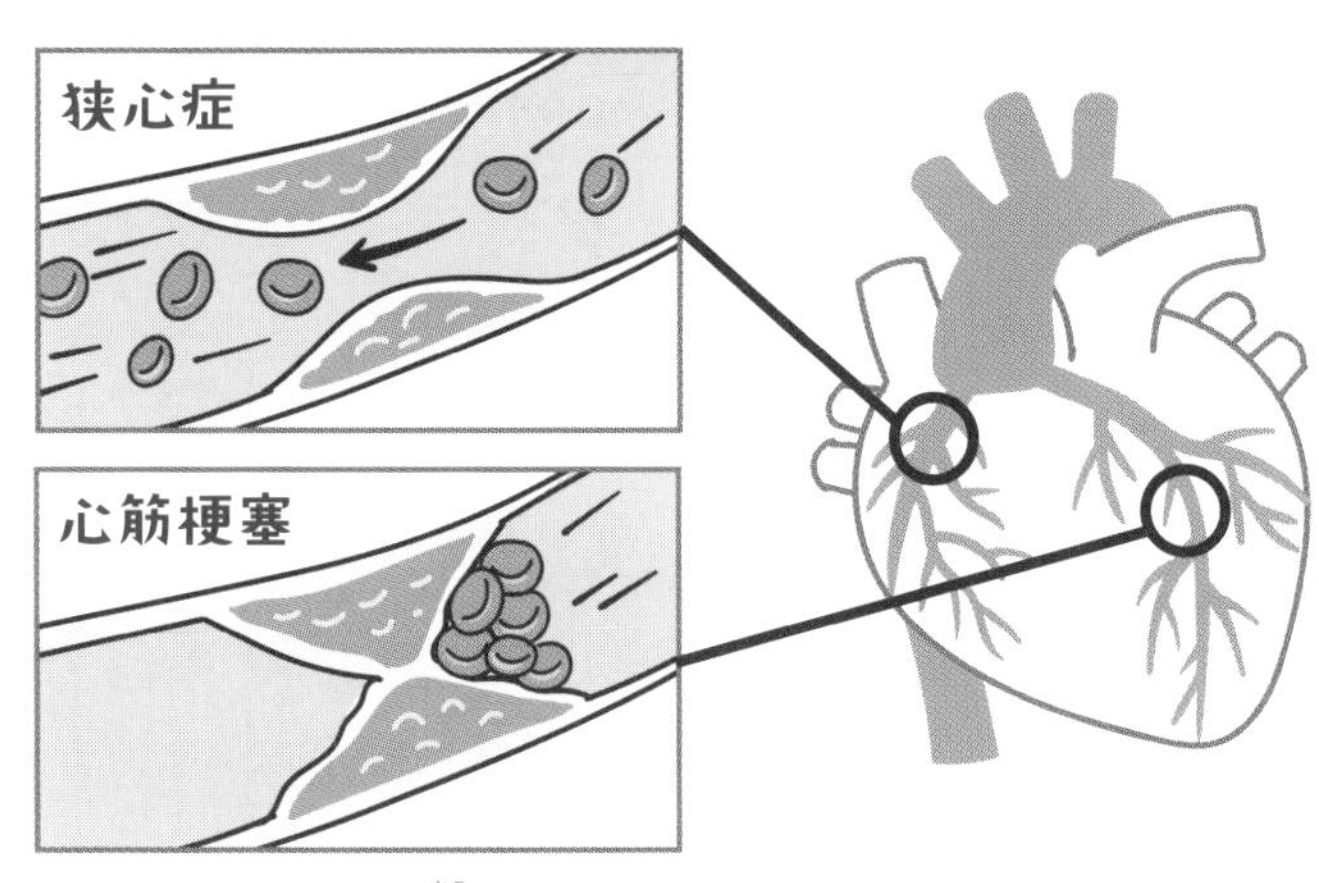

「冠動脈」とは、心臓を囲むようにして走っている動脈。コレステロールが原因でこの冠動脈が細くなると、狭心症などを引き起こす。

酸素を必要とするのは脳ですが、心臓をのび縮みさせている「心筋」とよばれる筋肉も、肺から取り入れた酸素を血液が運んでくれないと動くことができません。

心臓に血液を送っているのは「冠動脈」とよばれる血管です。ところが、歳をとるにつれて冠動脈の壁にコレステロールなどが「プラーク」とよばれるドロドロしたかたまりになってくっつきます。プラークがくっつくと、血管の壁は硬くなってのび縮みしにくくなり（動脈硬化といいます）、血液の通り道がせまくなっていきます。これが狭心症です。さらにプラークが増えて冠動脈を完全にふさぐと、酸素が送られなくなった心筋が死に始めて心筋梗塞となり、そのまま放っておくと命に関わります。

心臓病の予防には、栄養バランスのとれた食事をして、適度に運動することが大事だよ！

カテーテルのしくみ

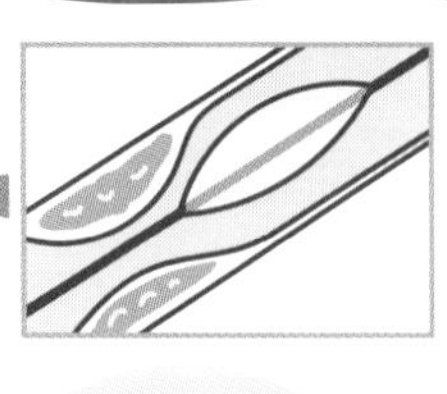

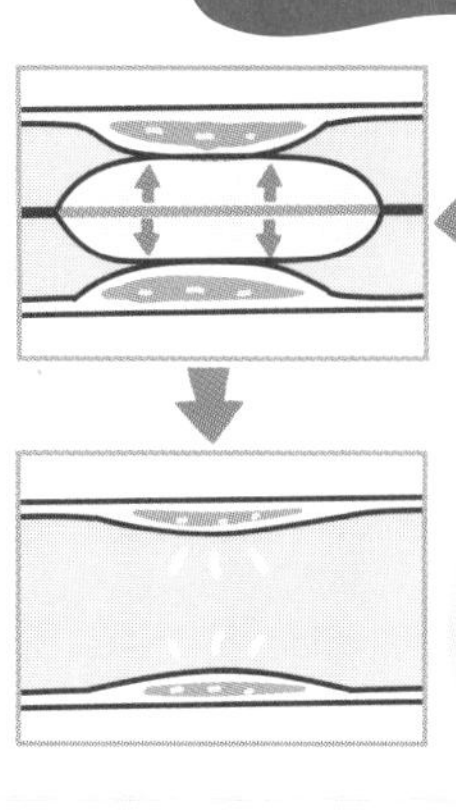

せまくなった血管内でバルーン(風船)をふくらませる

心臓カテーテルのしくみ

現在使われている心臓カテーテルはビニール製のやわらかい管で、静脈ではなく脚のつけねやひじ、手首などの動脈から入れます。カテーテルから冠動脈に造影剤を注入してX線撮影すれば、冠動脈がせまくなったりふさがっているところが、はっきりとわかります。

せまくなっている冠動脈の血管内部を広げるには、バルーン(風船)つきのカテーテルを使います。ちょうど冠動脈がせまくなっているところにカテーテルが届いたら、そこで風船をふくらませます。風船がふくらんで内側から血管をおし広げ、血液がよく流れるようになります。風船で血管を広げた後にもう一度血管がふさがってしまうのを防ぐため、金属でできた「ステント」という筒を入れることもあります。

カテーテルはもともと、ぼうこうからオシッコを出す手助けをするためにつくられた、細い管なんだワン!

人物まとめ

認められない時期が長くても、医学の道を進み続けた

自分の信じるところにしたがって、自分の体で心臓カテーテルの実験に成功。心臓病の治療を大きく変えるきっかけになったのがフォルスマンだよ。この実験は大胆でむぼうに見えて、じつは地道な下調べや計画に支えられていたんだ！

心臓外科医になってたくさんの人の命を救いたかったのに、母国では認められなかったフォルスマン。軍医として従軍し、捕虜になっている間に敵国アメリカで自分のアイデアが大きく花開き、ノーベル賞受賞につながったことを知ったときの気持ちは、とても複雑だったはず。でも、妻と6人の子どもたちに囲まれた写真のフォルスマンは、おだやかで幸せそうだね。

Werner Forssmann

人間の体のしくみや病気の原因を探るため、自分自身や家族を実験台にした科学者がいました。命の危険をかえりみない実験でしたが、その後の科学や医学の発展に大きく貢献することになりました。

※現在は倫理的配慮がされていない実験や研究は許されていません。

菌を飲んで胃炎の原因をつき止め、ノーベル生理学・医学賞を受賞

バリー・マーシャル（1951年～）

1979年、オーストラリアの医師バリー・マーシャルは、同じ病院で働いている同僚の医師と共に、胃炎や胃潰瘍の患者の胃の中に、新種の細菌がいることを発見しました。この細菌はのちにピロリ菌（ヘリコバクター・ピロリ）と名づけられました。そもそも胃の中には強い酸（胃酸）があって、多くの細菌は生きられないのですが、ピロリ菌は特殊な酵素をつくって胃酸

を和らげることで、胃の中でも生きていけることがわかりました。

マーシャルは、このピロリ菌が原因で、胃炎や胃潰瘍になると考えていましたが、このころは、胃炎や胃潰瘍はストレスや生活習慣でなるものとされており、ピロリ菌感染が原因による感染症であることを証明する必要がありました。

マーシャルは、ブタなどの動物にピロリ菌を飲ませて感染するかどうか実験を行いましたが、なかなか成功しませんでした。そのためマーシャルは、この細菌は人間にだけ感染し胃炎を起こすのかもしれないと考え、自分自身でこの細菌を飲んでみることにしました。ピロリ菌を飲んで5日後、激しい吐き気や嘔吐など胃炎の症状が出たので内視鏡で検査すると、胃の中にはたくさんのピロリ菌が見つかりました。

実験でわかったこと

自分の胃を使った実験で、ピロリ菌が胃炎や胃潰瘍を引き起こすことを証明し、この研究により、2005年、マーシャルは同僚の医師（ロビン・ウォレン）と共にノーベル生理学・医学賞を受賞しました。

▲ピロリ菌の培養液を飲むマーシャル。ピロリ菌の発見と感染のしくみの解明で、胃炎や胃潰瘍になやむ多くの人が救われた。

ノーベル賞は受賞しなかったけれど、こんな実験をした科学者も……

食べたものは体の中でどうなる？

ラザロ・スパランツァーニ（1729〜1799年）

食べ物の消化のしくみを自分の体を使って調べました。小さな袋や木筒に食べ物を入れて飲みこみ、便と一緒に出した時や口から吐き出した時に、中のものがどうなっているか確認したり、胃液を食べ物にかけて観察したりしました。

実験でわかったこと

食べ物が胃の中の胃液で消化されることをつき止め、消化のしくみがくわしく解明されるきっかけになりました。

人間はどのくらいの高温に耐えられる？

ジョージ・フォーダイス（1736〜1802年）

人間がどのくらい熱に耐えられるかを実験しました。ストーブで暖めた小屋の中に入り、室温を上げていき、最高１２７度の中に7分間いました。しかし、体温は36・7度前後で、高温になることはありませんでした。

実験でわかったこと

体が高温にならないのは、汗をかいて体温を下げているから。体温が高いのは体に異常があるため、検温で確認するようになりました。

蚊に刺されて感染症の原因を特定

ジェシー・ラジア（1866〜1900年）

17世紀ごろから世界で猛威をふるっていた病気「黄熱病」。アメリカ人の医師で細菌学者のジェシー・ラジアは、病原体を持った蚊が人間を刺すことで黄熱病に感染すると推測し、黄熱病の患者の血を吸わせた蚊に自分の腕を刺させました。ラジアは5日後に黄熱病を発症し、その数日後には息を引き取りました。

実験でわかったこと

ラジアの死後、研究を受け継いだ医師たちによって黄熱病の感染のしくみが解明され、蚊が病原体を運んでいることが証明されました。

妻と母の協力で麻酔手術に成功

華岡青洲（1760〜1835年）

華岡青洲は江戸時代の終わりごろに活躍した医師です。患者は痛みをがまんしながら手術を受けていた当時、華岡は痛みを一時的に取りのぞくことができる麻酔薬の研究に取り組みました。そして、妻と母に試薬を使うなどして（妻は失明、母は死亡）、麻酔薬「通仙散」を完成させ、全身麻酔による手術を成功させました。

実験でわかったこと

1804年に行われた青洲の全身麻酔手術は、世界初とされています。青洲は多くの医師を育て、日本の外科手術の発展に貢献しました。

年齢差12歳の名コンビ

ジェームズ・ワトソンとフランシス・クリック

「20世紀最大の発見の一つ」といわれるDNAの二重らせん構造。解明したのは、生まれた国も経歴もまったくちがう、2人の研究者でした。

ひととなり人生年表

▼p.162

START

フランシス・クリック

0歳

1916年、イギリス・ノーサンプトン近郊で生まれる。

31歳

1947年、研究者としての職を探す。

35歳

23歳

運命的！

ヨッ

オーッス

1951年、イギリス・ケンブリッジ大学のキャベンディッシュ研究所で出会う。

1916年
↓
2004年

ホエ～

次のページから、くわしく見てみるぞ

0歳

1928年、アメリカ・イリノイ州シカゴで生まれる。

子ども向け百科事典を読破。趣味は化学実験。

子ども時代のヒーローは「進化論」を唱えたチャールズ・ダーウィン。バードウオッチングが趣味。

15歳

1943年、シカゴ大学入学。3年生の時に遺伝子に興味を持つ。

p.160

18歳

1934年、ロンドン大学に入学。物理学者の道を選ぶが、第2次世界大戦が始まり、海軍本部で兵器を設計。

p.161

1951年、将来一緒に研究をする、モーリス・ウィルキンスの講演を聞く。

1953年、DNAの二重らせん構造の論文を『ネイチャー』に投稿。

こう、らせん状にさ…

DNA

p.165

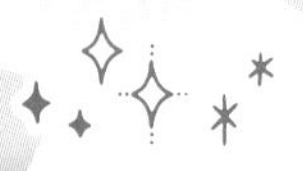

1962年、ノーベル生理学・医学賞を受賞。

ワトソン 76歳　クリック 88歳

2004年、クリックが亡くなる。

たった1ページの論文で、生命の大きな謎を明らかに！

1950年代、生物学者、化学者、そして物理学者たちが、遺伝子の正体を明らかにしようと、はげしい競争をくり広げていました。

今では、生き物の体は「遺伝子」というタンパク質の設計図をもとに形づくられていて、遺伝子の本体は「DNAという物質だ」ということがわかっています。しかし、1950年以前には遺伝子とはどういうものなのか、よくわかっていなかったのです。

初めのころは、遺伝子の正体はタンパク質の一種ではないかと考えられていました。タンパク質は、筋肉をはじめ、私たちの体をつくる重要な物質です。しかし、研究が進むと、今度は「遺伝子の正体は、デオキシリボ核酸（DNA）という物質ではないか」と考えられるようになります。

謎だったDNAの構造を明らかにし、その後の生命の研究につながる大

分子生物学
細胞の中で起こる生命現象を分子のレベルで研究する学問。

地球上の生き物は、必ず遺伝子を持っているワン。ぼくにも、もちろんあるワン！

ジェームズ・ワトソンと
フランシス・クリック

▲世界で初めてDNAの構造を解き明かした、ワトソン（左）とクリック（右）。

写真：Science Photo Library/アフロ

きな扉を開いたのが、ジェームズ・ワトソンとフランシス・クリックという2人の研究者です。

2人はDNAが、美しい二重らせん構造をしていることを発見し、たった1ページの論文で世の中をあっと言わせました。そのときに「**分子生物学**」という、新しい学問が生まれました。

DNAは、長いくさりが2本、
らせん状にねじれた形だよ！

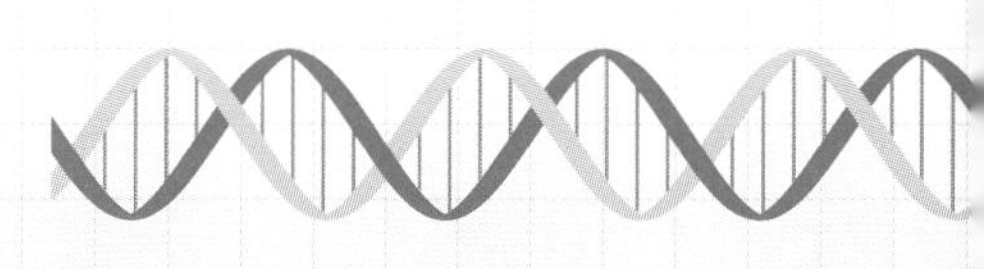

エルヴィン・シュレーディンガー 1887-1961

オーストリア出身の物理学者。分子や原子などのとても小さな世界で起こる現象を調べる量子力学の研究を行い、1933年にノーベル物理学賞を受賞。

鳥類学者になりたかったワトソンと、物理学を学んだクリック

ワトソンは幼いころから勉強が得意で、15歳でアメリカのシカゴ大学に入学。鳥類学者になることを夢見て、大学では動物学を学んでいました。大学3年生の時には、物理学者の**エルヴィン・シュレーディンガー**が書いた『生命とは何か』という本を読んで、遺伝子に興味を持ちます。そして、大学院に進んで遺伝学を学びました。

大学院を卒業して、デンマークのコペンハーゲンにある研究室にいたころ、たまたまイタリアのナポリで開かれた**学会**で、X線を使って分子を見る研究をしていた**モーリス・ウィルキンス**の講演を聞きました。ワトソンは、ウィルキンスが撮影した「X線回折画像」を見て、とても興味をひかれます。そして「一緒に研究したい」と申し出たものの、断られてしまいました。そこで、X線回折の最先端の研究をしているイギリス・ケンブリッジ

学会
研究者たちが集まって、自分の研究の成果などを発表して、意見などをもらう場。専門分野ごとに多くの学会がある。

モーリス・ウィルキンス 1916-2004

イギリスの生物物理学者。X線を使ってDNAの構造を調べる研究を行った。

▲モーリス・ウィルキンス。

大学のキャベンディッシュ研究所に移ることにしたのです。この決断が、ワトソンの運命を大きく動かすことになりました。

一方のクリックは「どうして?」と聞いてばかりの子どもでした。両親は答えるかわりに、子ども向けの百科事典を買いあたえたといいます。18歳でロンドン大学に入学し、物理学者としての道を歩み始めます。しかし、まもなく第2次世界大戦が始まり、クリックは海軍本部で兵器の設計をする日々を過ごしました。

戦争が終わると「一生ここで兵器の設計をするのはいやだ!」と、次の仕事を探し始めました。そんな時にクリックもまた、シュレーディンガーの書いた本を読んで「生命について学ぼう」と決めたのです。しかし、クリックは生物学を勉強したことがありません。そこで知り合いのつて

クリックの父親は、ウィンブルドン選手権(テニスの有名な国際大会)に出るほどのテニス選手だワン!クリックも家族とテニスを楽しんだらしいワン。

写真：The New York Times/アフロ

▲イギリス、ケンブリッジ大学の構内を歩くワトソン（右）とクリック（左）。

で、細胞の研究で有名な研究所に、物理学者としてやとってもらったのです。

2年間ほど勉強したある日、キャベンディッシュ研究所に、X線回折を使って研究する新しいグループができることを知り、1949年にそちらに移りました。こうして1951年、ワトソン23歳、クリック35歳の時に2人は出会い、すぐに意気投合します。

DNAの構造は、4人の研究者によって解き明かされた！

DNAの構造の発見には、もう2人、重要な人物がいます。1人は、以前に「一緒に研究したい」というワトソンの申し出を断った、あのウィルキンスです。じつはウィルキンスとクリックは友人だったため、時には3人で意見交換をするようになりました。

もう1人が、ウィルキンスと同じロンドン大学キングスカレッジにいた、**ロザリンド・フランクリン**という女性研究者です。フランクリンはX線回折画像を撮影するのが得意でしたが、ウィルキンスとは気が合いませんでした。ウィルキンスはワトソンとクリックに、フランクリンのぐちをこぼすこともありました。

ある日、フランクリンはDNAにA型、B型という2種類があることを発見します。重要な発見だったので、フランクリン、ウィルキンス、その

ジェームズ・ワトソンとフランシス・クリック

写真：Alamy/アフロ

ロザリンド・フランクリン 1920-1958

イギリスの物理化学者。彼女の撮影した写真が、DNAの構造を解き明かすきっかけになった。

上司とで話し合い、フランクリンがA型、ウィルキンスがB型の研究をし、お互いの研究には口を出さない、ということになりました。1952年5月、フランクリンはついに、決定的なX線回折画像「写真51」を撮影します。そのB型の画像には、DNAのらせん構造を示す十字形のパターンがはっきりと写っていました。彼女はこの段階で、DNAはらせん構造の可能性が高いと気づいたはずですが、A型の研究に集中し、この結果をウィルキンスにはわたしませんでした。

ところがウィルキンスは、フランクリンのもとで研究をしていた学生から「写真51」を手に入れ、さらにワトソンとクリックに勝手に見せてしまったのです。この写真によってワトソンとクリックは、DNAが二重らせん構造だと確信することになりました。

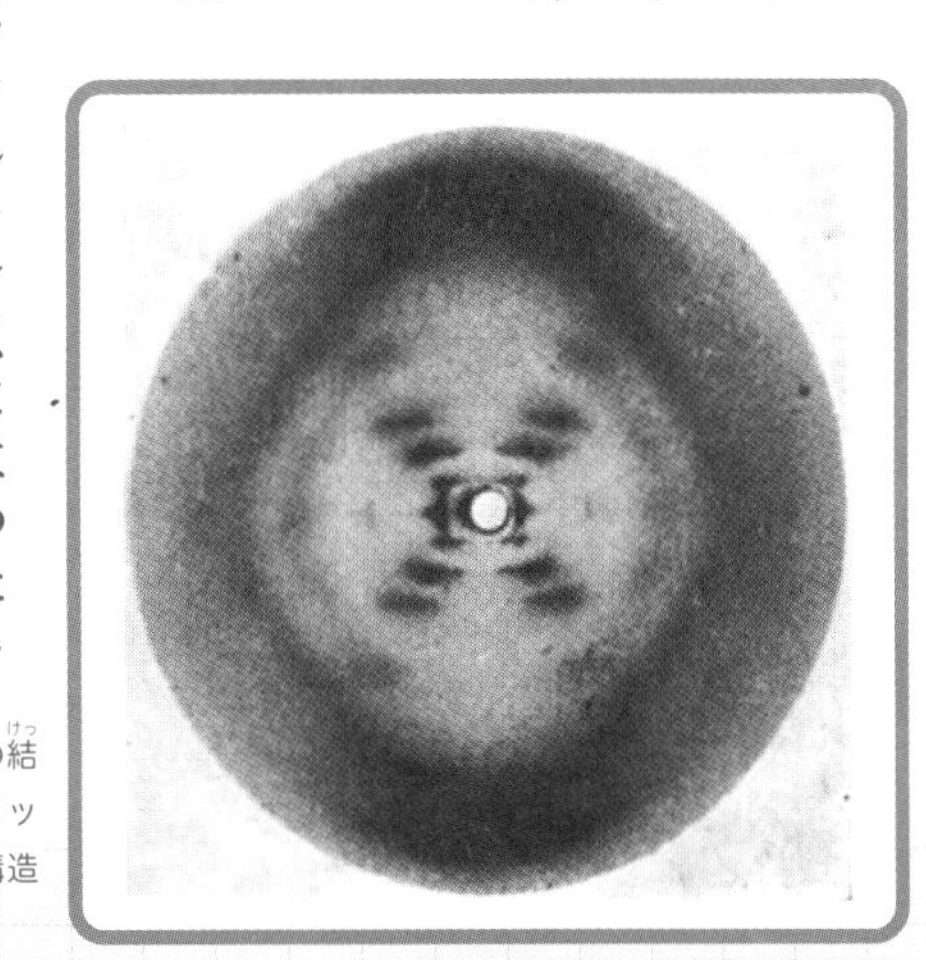

Raymond Gosling/King's College London

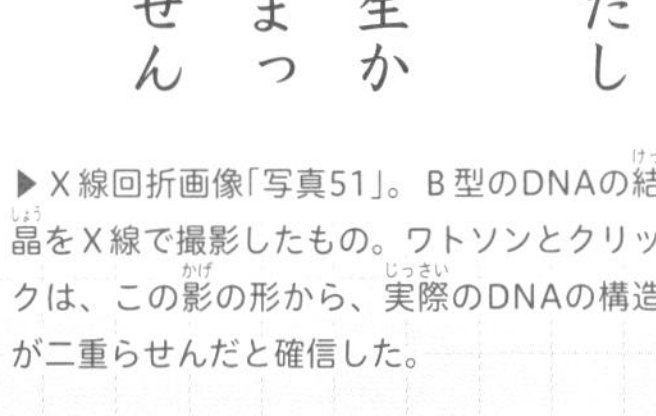

▶X線回折画像「写真51」。B型のDNAの結晶をX線で撮影したもの。ワトソンとクリックは、この影の形から、実際のDNAの構造が二重らせんだと確信した。

論文発表からわずか9年で、ノーベル賞受賞！

1953年、ワトソンとクリックは、イギリスの有名な科学雑誌『ネイチャー』に、わずか1ページ分の論文を送りました。

DNAの二重らせん構造の解明により、ワトソンとクリック、そしてウィルキンスの3人は、1962年にノーベル生理学・医学賞を受賞します。

DNAの構造を解明する重要な手がかりを示したフランクリンは、なぜノーベル賞を受賞できなかったのでしょうか。じつは、ノーベル賞には、「同じ功績に対しては3人まで」、しかも「受賞の年に生きている人物にのみ授与される」というルールがあるのです。フランクリンは、4年前の1958年にがんで亡くなっていました。

ジェームズ・ワトソンとフランシス・クリック

NATURE April 25, 1953

MOLECULAR STRUCTURE OF NUCLEIC ACIDS

A Structure for Deoxyribose Nucleic Acid

Diffraction by Helices

▲『ネイチャー』に掲載された論文(囲み部分)。

▲1962年のノーベル賞の授賞式での写真。左からウィルキンス、マックス・ペルーツ（タンパク質の構造を研究した化学者）、クリック、ジョン・スタインベック（アメリカの作家）、ワトソン、ジョン・ケンドリュー（タンパク質の構造を研究した化学者）。 写真：Science Source/アフロ

ワトソンとクリックにノーベル賞が授与されてからしばらく経つと、周囲は「フランクリンの写真をぬすみ見た、ズルをした結果ではないか？」という疑念を持つようになります。フランクリンはすでに亡くなっているので、ワトソンとクリックが「写真51」を見たことに気づいていたかどうかはわかりません。でも、もし彼女が1962年まで生きていたとしたら、ノーベル賞の選考会は、大いにもめたかもしれません。

フランクリンは重要な発見をたくさんした、すごい研究者だったんだワン。

ノーベル生理学・医学賞を受賞

DNAの分子構造を深ぼりしよう！

DNAの構造がなぜ
重要な発見だったのか、解説するぞ。

考えてみよう！

ワトソンとクリックが発表したDNAの形は、どれだったかな？

2人は実際に模型を組み立てながら、DNAの構造を考えたんじゃ。

① 1本のばねの形

② 二重らせんの形

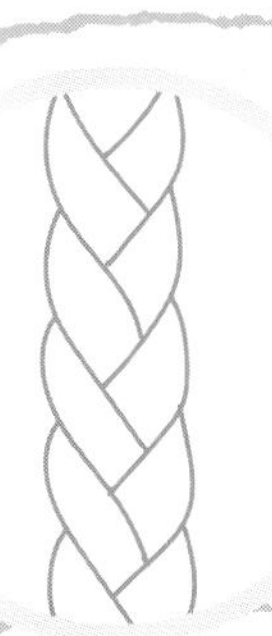

③ 三つあみの形

こたえは……

②二重らせんの形

2人は原子を単位にした「分子模型」を使い、DNAは2本のくさりがらせん状にねじれた形であることを発見したのじゃ。

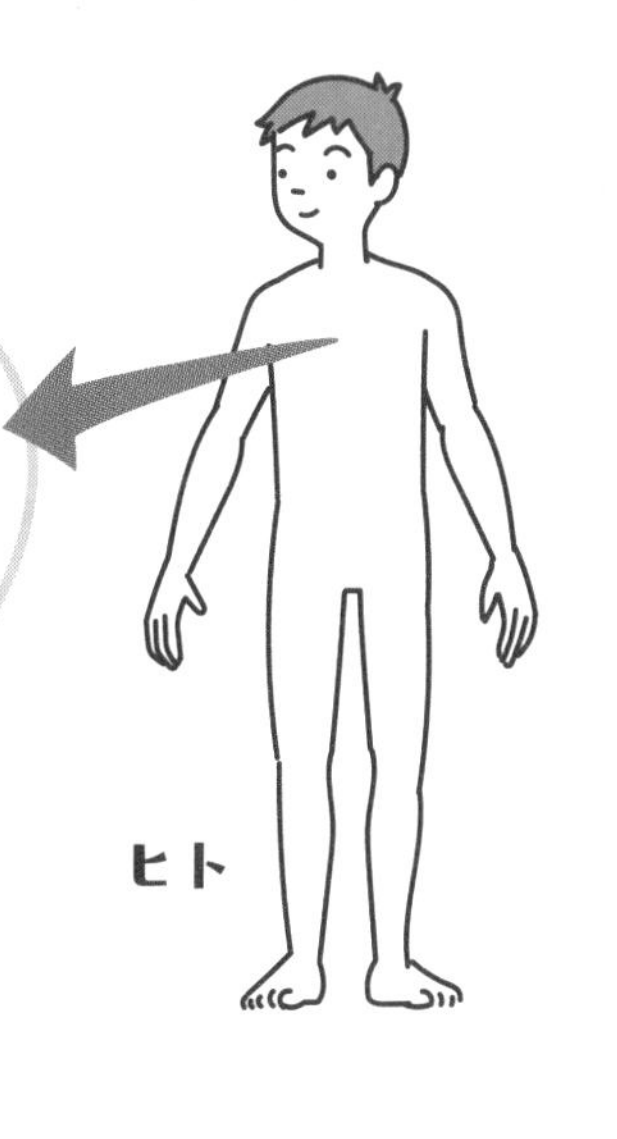

DNAって、どこにあるの？

多くの生き物の体の細胞には、「核」という構造があります。この中にDNA（デオキシリボ核酸）が入っています。DNAには親から受け継がれた「遺伝情報」が記録されていて、これを遺伝子とよびます。遺伝子は体の設計図にあたり、これをもとに体を構成するいろいろなタンパク質がつくられているのです。

さて、私たち生き物は、最初は小さな一つの細胞から始まります。この細胞の中には、もち

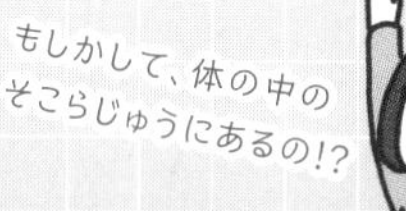

もしかして、体の中のそこらじゅうにあるの!?

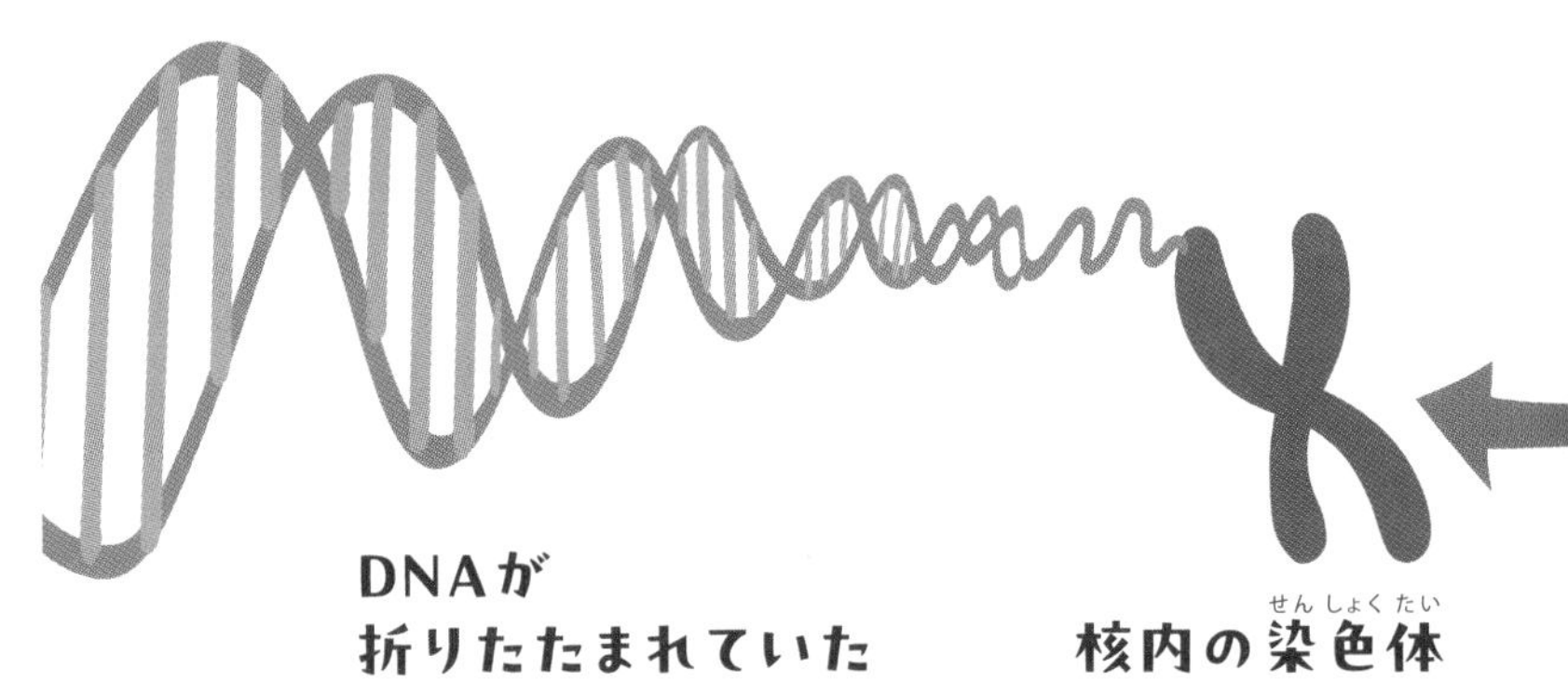

ろんDNAが入っています。そして、まずは「分裂せよ」という遺伝情報からの指令によって、どんどん分裂をくり返します。この時、分裂してできた新しい細胞の核の中にも、分裂する前と同じDNAのセットが組み込まれます。そのためには、細胞が分裂する前に、DNAを倍に増やさなくてはなりません。この「DNAを増やす」という作業をするために、二重らせん構造は最適なのです。いったいどういうことか、くわしく見てみましょう。

DNAはどういう形?

核酸は、生き物の体の中でつくられる、たくさんの原子からできている物質の一つです。核酸には、DNA(デオキシリボ核酸)とRNA

（リボ核酸）の2種類があり、RNAにはDNAの遺伝情報を転写したり、運んだり、さまざまな役割があります。

DNAはらせん構造、つまりハシゴをひねってらせん状にしたような形をしています。このハシゴの形をよく見ると、真ん中の部分で2つの**塩基**がくっついてできていることがわかります。この踏み板のような部分のことを「塩基対」といいます。

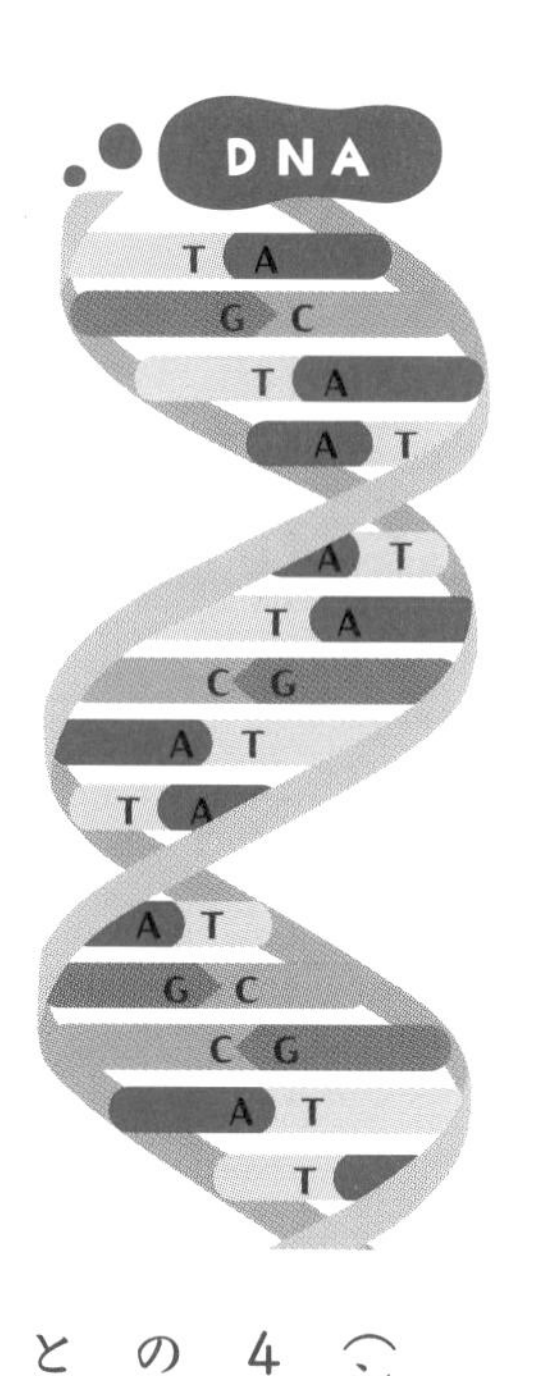

DNAの塩基には、A（アデニン）、C（シトシン）、G（グアニン）、T（チミン）の4種類があります。そして、DNAの4つの塩基のうち、Aは必ずTと、Gは必ずCと結合して、ペア（塩基対）をつくります。

二重らせんは、ほどけたりつながったりして情報を操作する！

細胞が分裂してDNAが複製される時は、ファスナーを開くような感じで塩基対がほど

RNAの塩基は、T（チミン）のかわりにU（ウラシル）になるワン。

塩基
DNAやRNAを構成する物質の一つ。

かれます。1本の状態になったDNAの塩基の並びを読み取って、対になる塩基がくっつき、もう1本がつくられていきます。そうやって塩基の並び順は変わることなく、2本で1組のDNAが2組に増えるというわけです。二重らせんという構造は、DNAが効率よく複製されるために、とても適した構造だったのです。

現在ではヒトの全遺伝情報が読み解かれ、遺伝子から病気のなりやすさや体質などを診断をする遺伝子診断や、生物の遺伝情報(ゲノム)を書き換えるゲノム編集も可能になっています。

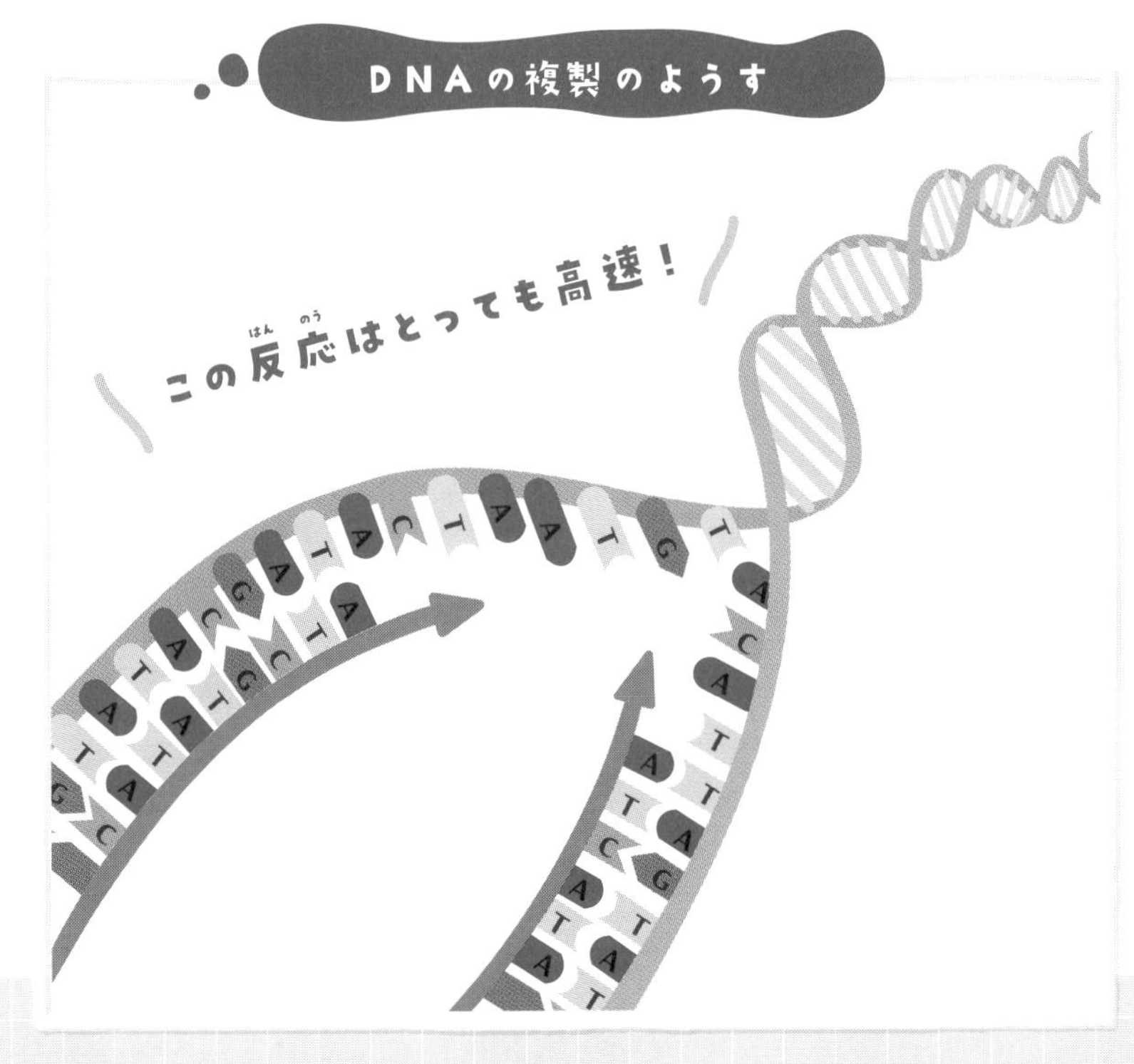

人物まとめ

お互いの良さを認め問題に向き合い続けた

直感にすぐれ、多才なワトソン

クリックと一緒になしとげた業績は「20世紀最大の発見の一つ」といわれているよ。子どものころからずっと鳥類学者になりたかったのに、一冊の本で人生が変わることもあるんだね。

ワトソンは「これだ！」と思ったことをすぐ実行し、失敗してもあまり気にしないタイプ。チャンスをつかむのもうまかったよ。

でも、あふれる才能の一方で、問題発言をくり返すなど、騒動を起こす困ったところもある人なんだ。ずっと年上で、人生経験の豊かなクリックとコンビを組めたことが、成功の理由だったのかもしれないね。

James Watson

直感型のワトソンに比べると、人あたりのよい常識人。戦争によって自分の思うような道に進めなかったけれど、30歳を過ぎてから、まったく新しい研究分野に飛び込むチャレンジ精神はすごい。海軍本部時代のつてと物理学の知識を生かし、自分のやりたいことに時間をかけて近づくねばり強さもあったよ。

クリックの自伝によると、12歳も年下なのに博士号を持っていたワトソンに引け目を感じたりもしたようだけれど、すぐにそれを乗り越えて、最強のコンビに。それが大きな成果につながったんだね。

きっと、2人で考えたから発見できたんじゃな。

Francis Crick

DNAの合成に関わる「酵素」を発見！

アーサー・コーンバーグ

体の中で起こる、物質の合成などの化学反応を助けるのが、酵素とよばれるタンパク質です。コーンバーグは、次々に重要な酵素を発見して活躍した「酵素ハンター」なのです。

1918年→2007年

ひととなり人生年表

1918年3月3日、アメリカのニューヨーク州で生まれる。

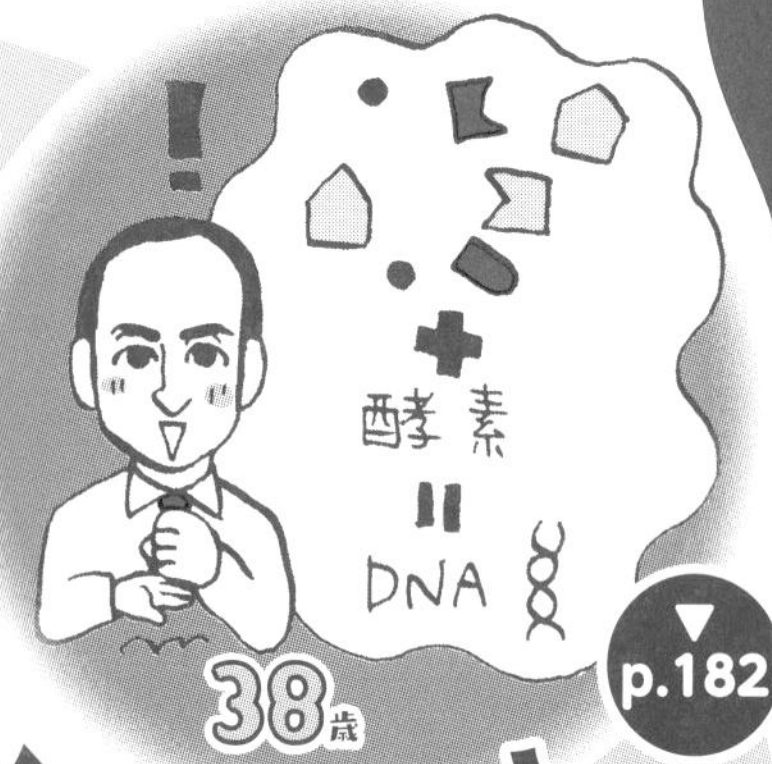

▼p.182

38歳

1956年、DNAポリメラーゼという、DNAをつくるために必要な物質(酵素)を発見。

41歳

1959年、ノーベル生理学・医学賞受賞。

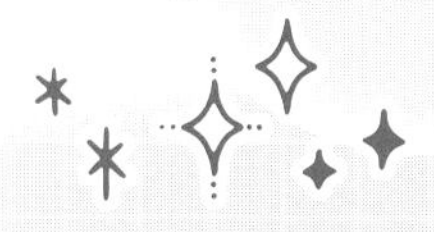

次のページから、くわしく見てみるぞ

9歳

幼いころから両親の経営する雑貨店の手伝いをする。

▼ p.179

15歳

1933年、ニューヨーク市立大学シティカレッジに入学。

23歳

1941年、ロチェスター大学医学部で博士号を取り、ストロング記念病院で研修医に。

24歳

1942年、初の論文投稿。軍医として乗船勤務についたのち、国立衛生研究所（NIH）で働く。

▼ p.180

▼ p.184

52歳

1970年、次男のトーマスがDNAの合成に関わる正しいDNAポリメラーゼを発見。

ポリメラーゼは、DNAのもとになる材料をくっつける働きがあったよ。

89歳

最後まで研究を続け、2007年に亡くなる。

ビタミンの研究者から、〝酵素ハンター〟に転身

「もうこのテーマは時代遅れなんじゃないかなあ？」

アメリカの国立衛生研究所（NIH）で働く若き研究者のアーサー・コーンバーグは、ため息をつきました。1945年、まもなく第2次世界大戦が終わろうとしていたころのことです。アーサーの仕事は、研究用のラットにさまざまな種類のえさをあたえては、ラットの体に変化があるかどうか観察することでした。そうやって、まだ見つかっていない新しいビタミンを発見しようというのです。ビタミンとは、私たちの体を健康に保つために欠かせない栄養素で、注目の研究テーマでした。しかし、彼はこの研究にあきてきていました。

ビタミンはたしかに大切です。でも、もっと興味深いのは「酵素」だと、アーサーは研究所に入ってから思うようになりました。当時、最先端で活躍していた生化学者たちの研究論文を読んだからです。

ラットはドブネズミを改良してつくった変種だよ。生き物の謎を探る生命科学の実験などで幅広く使われているんだ。ラットのおかげでわかったことは、いっぱいあるんだワン！

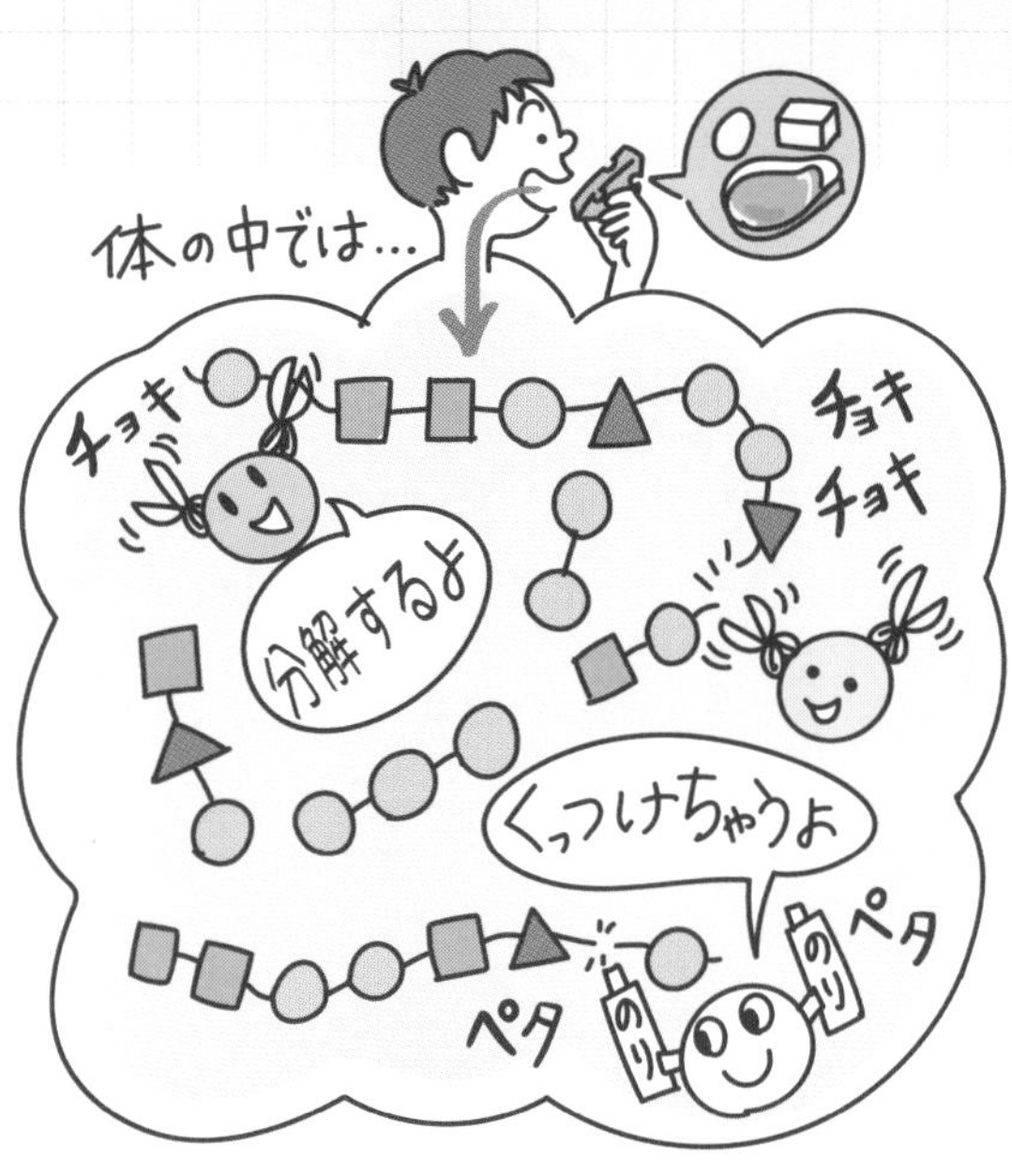

代謝と酵素

生き物は外から取り入れた食べ物や空気を、体内で別のものに変えるよ。この化学反応のことを「代謝」というんだ。物質を分解したり、くっつけたりして代謝を進めるのが「酵素」というタンパク質だよ。それぞれの反応で働く酵素は決まっていて、ヒトの体内では数千種類もの酵素が働いているといわれているよ。

論文を読みながら、アーサーはわくわくしました。生き物の体に取り入れられた食べ物は、分解(ぶんかい)され、生きていくのに必要なエネルギーに変えられます。このしくみを「代謝(たいしゃ)」といいます。代謝で重要な働きをしているのが酵素で、ビタミンはこの酵素がよく働くように助ける役割(やくわり)をしているということが書かれていたのでした。

「どうせならビタミンが助けている酵素を研究して、代謝という生命に大きく関わる謎(なぞ)にせまりたい。そのためにぼくは〝酵素ハンター〟になろ

▶研究所でのアーサー・コーンバーグ

う！」と、アーサーは心に決めたのです。

戦争が終わると国立衛生研究所の上司に頼みこみ、ニューヨークやワシントンの大学に入って代謝と酵素について先輩研究者たちから学びました。

再び国立衛生研究所にもどったアーサーは１９４８年、呼吸に関わる重要な酵素を発見します。それだけでなく、この酵素を実験に使えるよう、純粋な結晶にすることに成功しました。まわりからも一人前の酵素研究者と認められ、いよいよ酵素ハンターとしての道を歩み出すことになりました。

「私はつまらない酵素に出会ったことがない。酵素のわざはどれをとっても驚くべきものだ。そして酵素は私たちがまだ知らない秘密をかくし持っている」と、アーサーは自伝で語っています。

貧しい移民の子が研究者となるまで

1918年、アーサーは、ポーランドからアメリカのニューヨークに移住してきたユダヤ人の両親のもとに生まれました。父親はミシン職人として働いていましたが、体を壊してしまったので、勤めを辞めて小さな雑貨店を開きました。アーサーは9歳から店の手伝いをしていました。

貧しいくらしのなかでも、両親は子どもたちに良い教育を受けさせようとしました。アーサーは小学校から高校まで、家からちょっと離れたブルックリンの学校に通いました。学校での成績はとても良く、どんどん飛び級しました。アーサーは特に化学が得意で、15歳でニューヨーク市立大学シティカレッジに進学します。卒業後は化学関係の職につきたいと考えていましたが、世の中はひどい就職難でした。そこで、アルバイトで貯めたお金と奨学金を使って、ロチェスター大学の医学部に入り直し、卒業後は研修医として病院に勤めます。働くなかで治療法がないまま亡くなる患

飛び級するアーサーを見て、お兄さんは「同年代の友達ができない」って心配したそうだワン。

者たちを見て心を痛めていたといいます。そんな日々のなか、アーサーは自分がかかった**黄疸**という病気についても研究し、論文を専門誌に投稿しました。その論文がたまたま国立衛生研究所の所長の目にとまったのです。アーサーは国立衛生研究所の栄養部門で研究生活を始め、そのままビタミンの研究をすることになったのでした。

大腸菌からDNAを複製する酵素を見つけ出す

ビタミンから酵素へと研究テーマをかえたアーサーは、体内で遺伝情報に関わるDNAやRNAといった「核酸」を合成するしくみについて研究を始めました。

核酸は「塩基」「糖」「リン酸」の3つの物質からできている「ヌクレオチド」というパーツがたくさんつながったものです。まずこのヌクレオチドがどうやって合成されるのか、さらに酵素がヌクレオチドをどのようにつ

黄疸
血液中にビリルビンが増えたことで、白目の部分や皮膚が黄色くなる病気。

なげていくのかを明らかにしなければなりません。それは気の遠くなるような道のりに思えました。

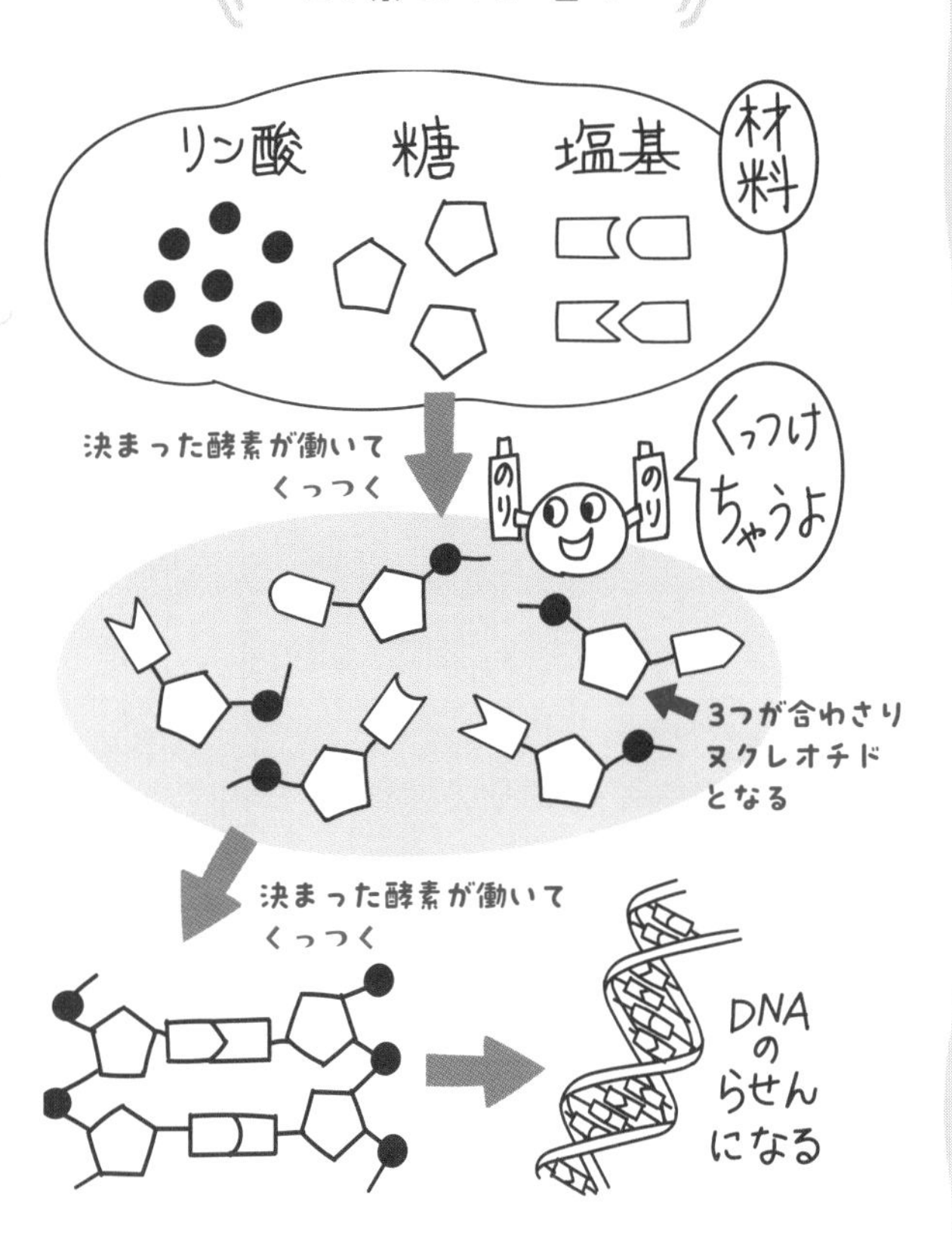

生き物の体の遺伝情報は遺伝物質であるDNAに刻まれているよ。このDNA は、塩基、糖、リン酸の3種類の物質がくっついてできているんだ。塩基、糖、リン酸の3種類の物質がくっついてできる物質はほかにもあって、これらを「核酸」というよ。じつは、この核酸をつくるときにも酵素が活躍しているんだ！

写真：Alamy/アフロ

▶ノーベル賞を同時に受賞したアーサー・コーンバーグ（左）と、セベロ・オチョア（右）。

1956年にアーサーは、**大腸菌**から取り出した酵素がDNAを複製（コピー）できることを発見します。そして酵素がつくり出したものが、まさにワトソンとクリック（p.156）が示したものと同じ、二重らせん構造をしていることを確かめたのです。アーサーはこの酵素を「DNAポリメラーゼ」と名づけました。アーサーの発見は高く評価され、酵素によるRNA合成に成功していたオチョアとともに1959年にノーベル生理学・医学賞を受賞します。

ノーベル賞受賞から8年後の1967年には、伝染性のウイルスのDNAを試験管の中で合成し、「試験管内での生命創造！」と、はなばなしく報道されました。

大腸菌

遺伝子の研究によく使われる細菌。感染すると病気を引き起こすものもあるけれど、研究にも役立つ。

父・アーサーの誤りを訂正し名誉回復につなげたトーマス

一流の科学者として、研究を続けていたアーサー。しかし、思わぬ危機が訪れました。「アーサーが大腸菌から発見したDNAポリメラーゼ(ポリメラーゼⅠ)はDNAの複製に関わっていないのでは?」という疑問の声が、さまざまな研究者からあがったのです。そのさなか、音楽家をめざしてチェロを学んでいた次男のトーマスは、指の病気で演奏家の道をあきらめることになりました。どうせなら父の名誉を守ろうと、トーマスはコ

Photo by The Asahi Shimbun/Getty Images

▲アーサー・コーンバーグ(中央)と、長男のロジャー(右)、次男のトーマス(左)

生化学の研究者として活躍した長男のロジャーは、1978年からスタンフォード大学医学部・構造生物学科の教授に。2006年には「真核生物における転写の研究」でノーベル化学賞を受賞したワン!

▲アーサーとトーマスが発見したDNAポリメラーゼのちがい。

ロンビア大学の生物学研究室に入り、わずか3ヵ月で新しいDNAポリメラーゼを見つけたのです。その後わかったことですが、じつは大腸菌のDNAポリメラーゼは5種類あり、DNA複製の「主役」はⅢだったのです。アーサーが発見したⅠは複製の最後の段階と修復に関わっていました。

アーサーは亡くなる直前まで大学で酵素の研究を続けていました。自伝のタイトル『酵素に恋して』のとおり、酵素に夢中なまま89年の人生を終えました。

ノーベル生理学・医学賞を受賞

DNAの合成のしくみを深ぼりしよう！

DNAの複製のしくみやポリメラーゼの働きを解説するぞ。

考えてみよう！

DNAの合成に関わる「ポリメラーゼ」とは、なんの一種かな？

ポリメラーゼは、DNAのもとになる材料をくっつける働きがあったぞ。

材料

＋

？

＝

DNA

1 ビタミン

2 酵素

3 アミノ酸

アーサーはビタミンの研究もしていたわ！

アーサーは、何ハンターだったか、思い出してみるんだワン。

こたえは……

② 酵素

DNAポリメラーゼは酵素のなかまじゃ。最初は1種類だと考えられていた大腸菌のDNAポリメラーゼ。でも、じつは5種類あって、おもに複製を担当しているものと、DNAが傷ついたときの「修復」に関わるものがあるらしいことがわかってきたんじゃ。

さまざまな酵素の例

例えば、食べ物が消化される時は、口や胃からそれぞれちがった種類の「消化酵素」が出て、物質を少しずつ細かく分解している。このように、酵素は種類によって働く場所が決まっているんだ。

<消化酵素の紹介>

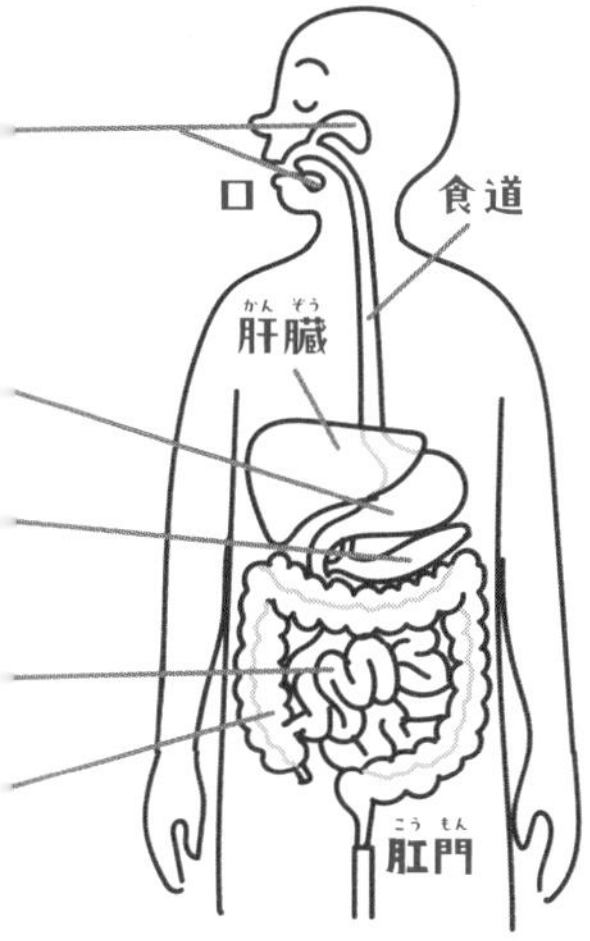

口
食道
肝臓
肛門

化学反応を手伝う酵素

アーサーは酵素に「恋した」と表現しています。酵素はおもにタンパク質からできており、生き物の体内でつくられます。そして化学反応を進めやすくする「**触媒**」として働いています。つまり、ほかの物質の化学反応を助けるけれど、酵素そのものは変化しないのです。この酵素があるおかげで、生き物の体の中ではいろいろな化学反応を

触媒
化学反応のスピードを速める働きをする物質。その物質自身は化学反応では変化しない。

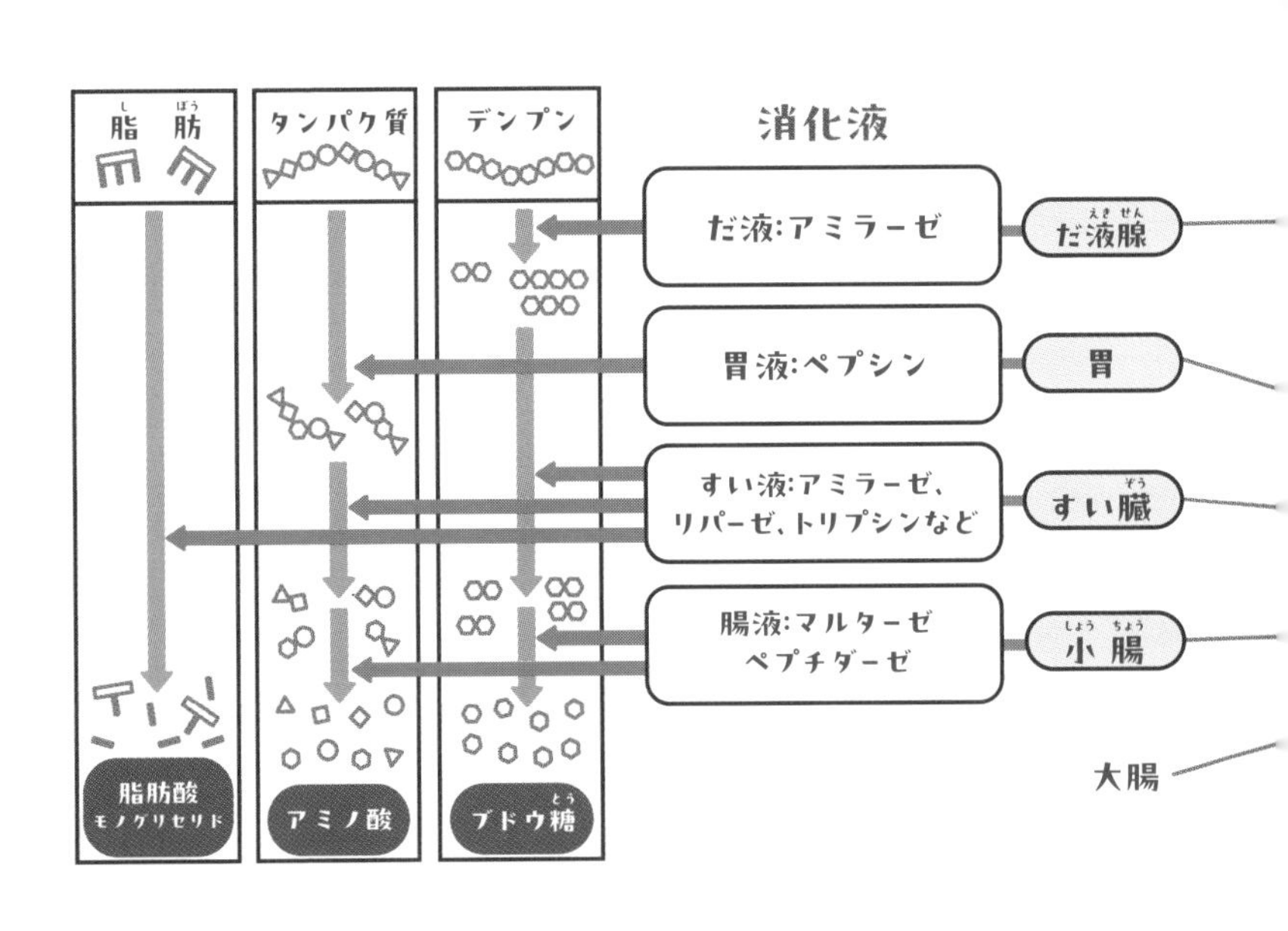

より速く、より少ないエネルギーで進めることができています。

酵素にはとてもたくさんの種類があり、ヒトの体の中だけでも数千はあるといわれています。

酵素ごとに働きかける相手の物質(基質といいます)は厳密に決まっています。酵素をつくっているタンパク質は、働きかけたい相手が何か、そこでどのような反応(分解したり合成したり)を進めたいのかに合わせて形を変えているので、酵素はとてもたくさんの種類があるのです。このように、体の中で無数の酵素がまちがいなくその役割をはたすことで、私たちは健康に生きることができるのです。

DNAの複製と酵素の関わり

DNAポリメラーゼは、DNAが複製される時に働く酵素です。

塩基はアデニン(A)、チミン(T)、グアニン(G)、シトシン(C)の4種類があり、結合するペアが決まっています。必ずAとT、CとGがくっついて、2つのDNAを合成していきます。この時、塩基をつないでいく働きをするのが、トーマスが発見した酵素「DNAポリメラーゼⅢ」です。

最初にアーサーが発見した「DNAポリメラーゼⅠ」は、複製の反応の最後のほうで働きます。DNAの複製は複数の酵素や補助(ほじょ)タンパク質が関わる複雑なしくみなのです。

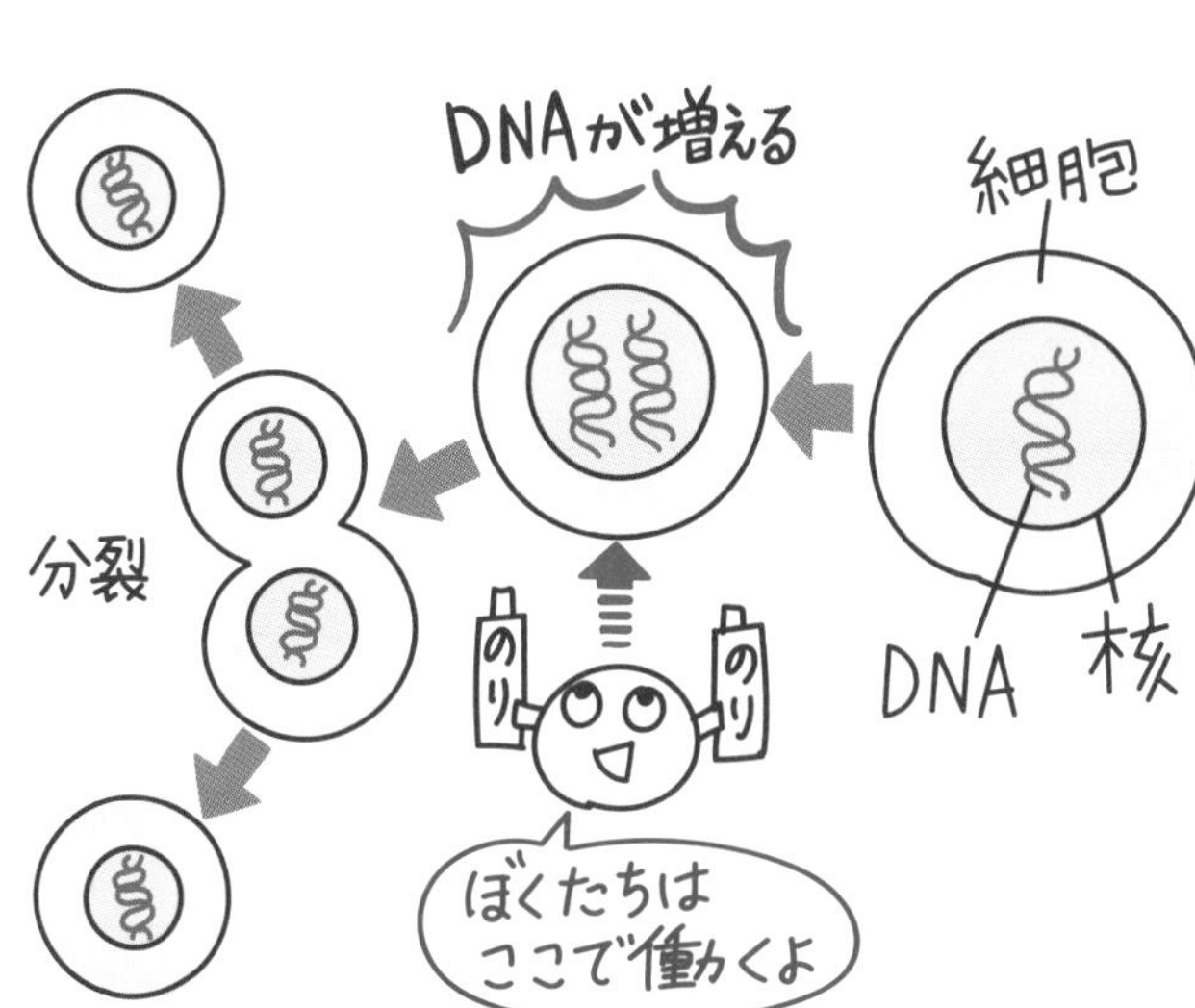

ワン！ポイント

ちなみに、アーサー・コーンバーグの教え子に、日本人研究者の岡崎令治(おかざきれいじ)・恒子(つねこ)夫妻(ふさい)がいるワン。夫妻はDNA複製のしくみについて重要な発見をしているんだワン！

人物まとめ

大好きな酵素の研究を楽しみ、子どもたちも教え子も育てあげた

DNAがどのようにつくられるのかという複雑な謎を、酵素を手がかりに解こうとしたのがアーサー・コーンバーグだよ。彼の仕事はその後のDNA研究にも大きな道すじをつけたんだ。

仕事熱心で人づきあいもよく、スタンフォード大学に移る時には、ワシントン大学の学科の同僚全員がついてきたほど信頼されていた。妻も研究者で、性別や国籍を問わず、多くの若い研究者を育てたよ。3人の息子が小さいころは自作の「おはなし」を聞かせるほどやさしいパパで、その長男と次男は研究者に、三男は研究所専門の建築家になったんだ。家族に愛され、89歳で亡くなる直前まで研究を続けたんだから、幸せな人生だったんだろうね。

Arthur Kornberg

さくいん

写真・図版協力

アフロ／大阪大学 大学院理学研究科・理学部 湯川記念室／京都大学iPS細胞研究所／京都大学 基礎物理学研究所 湯川記念館史料室／ゲッティイメージズ／神戸大学医学部／コーベット・フォトエージェンシー／National Library of Medicine／PIXNIO／PIXTA／フォトライブラリー／毎日新聞社／ワールドフォトサービス

おもな参考文献・資料

【書籍】『ノーベル賞を知る』全5巻(講談社)、『ノーベル賞受賞者人物事典』(東京書籍)、『ノーベル賞117年の記録』(山川出版社)、『ノーベル賞の事典』(東京堂出版)、『理科年表』(国立天文台)、『こどもノーベル賞新聞』(世界文化社)、『ノーベル賞の百年　創造性の素顔』(ユニバーサル・アカデミー・プレス)、『山中伸弥先生に、人生とiPS細胞について聞いてみた』(講談社)、『山中伸弥　人体を語る－NHKスペシャル「人体」』(小学館クリエイティブ)、『山中伸弥教授が語る 最新iPS細胞』(ニュートンプレス)、『ひろがる人類の夢　iPS細胞ができた!』(集英社)、『10分で読める伝記　5年生』(学研プラス)、『中学の知識でわかるアインシュタイン理論』(楓書店)、『文系でもよくわかる　世界の仕組みを物理学で知る』(山と渓谷社)、『はじめまして量子力学』(化学同人)、『旅人　ある物理学者の回想』(角川文庫)、『湯川秀樹の世界　中間子論はなぜ生まれたか』(PHP新書)、『湯川秀樹が考えたこと』(岩波ジュニア新書)、『湯川秀樹の戦争と平和　ノーベル賞科学者が遺した希望』(岩波ブックレット)、『別冊宝島　シリーズ偉大な日本人　湯川秀樹』(宝島社)、『歴史を変えた100の大発見　物理　探究と創造の歴史』(丸善出版)、『Newton大図鑑シリーズ　物理大図鑑』(ニュートンプレス)、『科学の事典』(岩波書店)、『別冊日経サイエンス　素粒子論の一世紀　湯川、朝永、南部そして小林・益川』(日経サイエンス社)、『レントゲンの生涯　X線発見の栄光と影』(富士書院)、『孤高の科学者　W.C.レントゲン』(医療科学社)、『レントゲンとX線の発見』(恒星社厚生閣)、『物理学をつくった重要な実験はいかに報告されたか　ガリレオからアインシュタインまで』(朝倉書店)、『エックス線物語—レントゲンから放射光、X線レーザーへ—』(本の泉社)、『コミック版　世界の伝記39　レントゲン』(ポプラ社)、『世界伝記全集36　レントゲン』(大日本雄弁会講談社)、『ちくま評伝シリーズ〈ポルトレ〉　マリ・キュリー』(筑摩書房)、『愛と勇気をあたえた人びと7 マリー・キュリー』(国土社)、『マリー・キュリー』(BL出版)、『Newton別冊　素粒子のすべて』(ニュートンプレス)、『若き物理学徒たちのケンブリッジ　ノーベル賞29人　奇跡の研究所の物語』(新潮文庫)、『ラザフォード　20世紀の錬金術師』(河出書房)、『核エネルギーの時代を拓いた10人の科学者たち』(総合科学出版)、『X線からクォークまで　20世紀の物理学者たち』(みすず書房)、『チャート式シリーズ　新物理 物理基礎・物理』(数研出版)、『ローベルト・コッホ－医学の原野を切り拓いた忍耐と信念の人』(シュプリンガー・フェアラーク東京)、『感染症と人類の歴史　第2巻　治療と医療』(文研出版)、『科学感動物語　2　人間－生命という輝く宝物』(Gakken)、『いのちにつながるノーベル賞』(文研出版)、『心臓の科学史』(青土社)、『自分の体で実験したい　命がけの科学者列伝』(紀伊國屋書店)、『二重らせん』(講談社文庫)、『DNA　すべてはここから始まった』(講談社)、『ダークレディと呼ばれて 二重らせん発見とロザリンド・フランクリンの真実』(化学同人)、『二重らせん　第三の男』(岩波書店)、『熱き探究の日々　DNA二重らせん発見者の記録』(TBSブリタニカ)、『生命科学者たちのむこうみずな日常と華麗なる研究』(河出文庫)、『それは失敗からはじまった　生命分子の合成に賭けた男』(羊土社)、『輝く二重らせん　バイオテクベンチャーの誕生』(メディカル・サイエンス・インターナショナル)【参考サイト】「ノーベル賞受賞者 9人の偉業」(国立科学博物館)、京都大学iPS細胞研究所HP、北海道大学病院HP、国立がん研究センターHP、東京電力HP、電波産業会・電磁環境委員会HP、東京大学 大学院理学系研究科・理学部HP、テルモHP、「尿道カテーテルの歴史的考察」(J-Stage)

執筆　エデュコム(林茂毅)、寺田千恵、萩谷美也子
イラスト　石坂光里(DAI-ART PLANNING)、伊藤ハムスター、丹治美佐子
編集　伊澤瀬菜
編集協力　美和企画(大塚健太郎、嘉屋剛史、笹原依子)、青木一恵、小林要
デザイン　装丁：松林環美
本文：松林環美、宇田隼人(DAI-ART PLANNING)

監修　若林文高
国立科学博物館名誉研究員。元国立科学博物館理工学研究部長。1955年東京生まれ。京都大学理学部卒業、東京大学大学院理学系研究科修士課程修了。専門は触媒化学、物理化学、化学教育・化学普及。博士(理学)。

ISBN978-4-06-533831-5

ぴかりか
ノーベル賞受賞者列伝

2024年2月20日　第1刷発行

講談社 編
監修 若林文高

KODANSHA

発行者　森田浩章
発行所　株式会社講談社
〒112-8001 東京都文京区音羽2-12-21
電話　編集　03-5395-4021
販売　03-5395-3625
業務　03-5395-3615

印刷所　共同印刷株式会社
製本所　株式会社若林製本工場

Printed in Japan
N.D.C.402　191p　20cm